ZEITSCHRIFT FÜR ANGEWANDTE GEOLOGIE

HERAUSGEGEBEN VOM
ZENTRALEN GEOLOGISCHEN INSTITUT
IM AUFTRAG DES
STAATSSEKRETARIATS FÜR GEOLOGIE

AUS DEM INHALT

AKADEMIE-VERLAG · BERLIN

BAND 15 / HEFT 2
FEBRUAR 1969
SEITE 57—112

	INHALT	СОДЕРЖАНИЕ	CONTENTS	

Die ZEITSCHRIFT FÜR ANGEWANDTE GEOLOGIE berichtet ständig über folgende Arbeitsgebiete: Geologische Grundlagenforschung und Lagerstättenforschung / Methodik der geologischen Erkundung / Ökonomie und Planung der geologischen Erkundung / Technik der geologischen Erkundung / Geologie und Lagerstättenkunde im Ausland. In der Zeitschrift können alle strittigen Fragen der praktischen Geologie behandelt werden. Die Autoren übernehmen für ihre Aufsätze die übliche Verantwortung.

ZEITSCHRIFT FÜR ANGEWANDTE GEOLOGIE

Träger der Ehrennadel in Gold der Gesellschaft für Deutsch-Sowjetische Freundschaft

KOLLEKTIVE CHEFREDAKTION

Dr. K. KAUTER (Redaktionssekretär)
Prof. Dr. F. STAMMBERGER
Dr. habil. G. TISCHENDORF

BAND 15 · FEBRUAR 1969 · HEFT 2

Das Territorium der DDR im geologischen Wirkungsfeld Mitteleuropas – eine Übersicht für die Zwecke der Tiefenerkundung

ADOLF WATZNAUER, Freiberg, mit einem Beitrag von KARL-ARMIN TRÖGER, Freiberg (Sa.)

Einführung

Bei dem Versuch, eine kurze Übersicht der geologischen Position der Deutschen Demokratischen Republik im Rahmen Europas zu geben, spielen zwei Gesichtspunkte eine Rolle, deren Berücksichtigung notwendig ist, aber deren Einbeziehung gewisse Schwierigkeiten bereitet. Man könnte ihnen dadurch aus dem Wege gehen, daß man die geologische Geschichte so darstellt, wie sie heute mehr oder weniger angenommen wird. Man kann das sehr überzeugend tun, wenn man alles wegläßt, was ungeklärt und zweifelhaft ist, und durch kühne Hypothesen die Lücken in unseren Kenntnissen überbrückt. Aber gerade dies soll in diesem Beitrag nicht geschehen. Es soll hier vor allem die noch bestehende Problematik aufgedeckt und auf vorhandene Kenntnislücken hingewiesen werden.

Bei diesem Vorhaben spielt als erstes die Tatsache eine Rolle, daß die vorgetragenen Gedanken aus der Grundlagenforschung abgeleitet sind, z. T. dieser sogar unmittelbar zugehören. Das bringt den Anschein einer gewissen Praxisfremdheit mit sich und das Gefühl, daß die Darstellung oft über den Rahmen dessen hinausgeht, was für den und jenen allein interessant erscheint. Gegenüber dieser Einstellung mag betont werden, daß die Ergebnisse der Grundlagenforschung und diese selbst Basis, und zwar unentbehrliche Basis jeder Tätigkeit in der Praxis sind, wenn diese den Anspruch erheben will, wissenschaftlich begründet zu sein, und ihr nicht das Odium der „Meisterwirtschaft" früherer Zeiten anhaften soll. Die wissenschaftliche Grundlage aber ist ein einheitliches, zur Vollständigkeit strebendes Ganzes. Versuche, Teilbereiche aus dem Zusammenhang zu reißen, geben stets ein falsches Bild.

Sicher ist das heute vorliegende Grundlagenwissen noch kein vollständiges, und die Wirtschaft erfordert oft eine Behandlung und Klärung von Teilbereichen, die in bezug auf Grundlagenkenntnis noch nicht genügend geklärt sind. Dann aber muß das Vorhandene, um Fehlschlüsse zu vermeiden, um so sorgfältiger berücksichtigt werden.

Eingang des Manuskripts in der Redaktion: 3. 10. 1968.
(Vortrag, gehalten am Berg- und Hüttenmännischen Tag der Bergakademie Freiberg 1968.)

Die geologischen Grunderkenntnisse unseres Raumes liegen im eurasiatisch-nordamerikanischen Kräftefeld. Teilbereiche sind nur aus dieser Situation und nicht verselbständigt aus dem Blickwinkel eines Einzelfalls heraus zu sehen.

Europa ist wohl geologisch das komplizierteste Gebilde, das wir kennen. Es liegt eben im unmittelbaren Einflußbereich der genannten Kontinente. Man hat Europa als „versteinerten Unsinn" oder als „Riesenbrekzie" bezeichnet. Das ist vollkommen richtig und unterstreicht nur das Gesagte.

Der zweite Gesichtspunkt, der im Rahmen der Themenbehandlung eine maßgebende Rolle spielt, ist der, daß den entwickelten Gedankengängen ein gewisser prognostischer Wert anhaftet. Wissenschaftliche Erkenntnisse stehen nicht für sich, sondern bergen eine Aussage in sich. Wir leben in Zeiten einer technisch-wissenschaftlichen Revolution, vielleicht in der Zeit ihres Höhepunktes. Es werden sich dadurch die wissenschaftlichen Tatsachen, von der Notwendigkeit ihrer rascheren Erfassung, rascheren Verarbeitung und Quantifizierung sei hier abgesehen, nicht ändern, aber deren Nutzanwendung die Praxis stark beeinflussen. Wir leben z. B. heute noch im Metallzeitalter, das vor 8–10000 Jahren, vielleicht noch früher, begann. Die heutige Technik verlangt aber schon nicht mehr Metall, sondern schlechthin Werkstoffe, denen bestimmte Eigenschaften zukommen. Sicher sind auch Metalle solche Werkstoffe und oft sogar kaum entbehrliche, aber schon heute gibt es Flugzeuge, bei denen nur noch der Motor aus Metall besteht, und es sind schon Strahltriebwerke auf keramischer Basis in Entwicklung. Dieser Trend zum „Werkstoff bestimmter Eigenschaften" ist nicht mehr aufzuhalten. Die Bautechnik hat diese Entwicklung schon einige Zeit hinter sich. Sie baut mit dem Kunststoff „Beton", wobei sich die Bautechnologie diesem Kunststoff erst anpassen mußte, aber dann eröffneten sich Möglichkeiten, die man vorher nicht ahnen konnte. Der gleiche Vorgang wird auch in den meisten Teilgebieten der Technik, auch im Bereich der heutigen Metallwirtschaft, einsetzen. Dieser Prozeß wird langsam vor sich gehen, denn man trennt sich nicht gern von althergebrachten Konstruktionsstoffen und Konstruktionsformen. Übertragen auf die Prognosevorstellungen, die mit dem gestellten Thema verbunden sind, erhebt sich dabei z. B. die Frage, ob im Jahre 2000 ein Schacht, ein übertiefer Schacht, auch wenn es technisch optimal möglich wäre, auf dieses oder jenes Metall oder diesen oder jenen Rohstoff noch einen wirtschaftlichen Sinn hat oder ob dessen Notwendigkeit durch die weitere Entwicklung der Technologie nicht schon überholt ist. Für den Bergbau mit seinen langen Anlaufzeiten und hohen Investitionskosten ist diese perspektivische Frage besonders kritisch. Die Strukturwandlungen in der Energiewirtschaft sprechen hier eine deutliche Sprache. Andererseits drängen unsere theoretischen Vorstellungen immer stärker zu der Annahme, daß den subkrustalen Vorgängen eine stärkere Bedeutung auf die Metallführung der Oberkruste zukommt, als man bisher annahm. Durch diese Gedankengänge kommen Gebiete als rohstoffhöffig in das Blickfeld, an die man bisher nicht dachte. Die Entwicklung tektonischer Vorstellungen schiebt sich dabei zwangsläufig in den Vordergrund, und die großräumige Tektonik wird als mächtiger Faktor erkannt. Eine metallogenetische Prognosekarte, wie sie für wirtschaftsprognostische Zwecke erforderlich ist, ist nur auf Grund einer tektonischen Karte anzufertigen. Darüber sind sich alle nationalen und internationalen Gremien einig.

Der Stand der geologischen Erkenntnisse in Europa ergibt sich aus der Lage des Raumes und der wissenschaftsgeschichtlichen Entwicklung bzw. der Verknüpfung beider. Die Enge des Raumes und die Ansprüche an die Rohstoffsituation zwangen einerseits frühzeitig zur intensiven Detailarbeit. Das dadurch hochentwickelte geologische Denken befähigte andererseits die europäischen geologischen Schulen, großräumige, globale Gedankengänge zu entwickeln. Unberücksichtigt blieb dabei der Bereich mittlerer Größe, d. h. jener, der einerseits einen Lagerstättenbereich überschreitet, andererseits aber kleiner ist als ein Kontinent. An diesem Übelstand leidet die Geologie vieler Wissenschaftler unseres Erdteils noch heute. Diese Lücke muß ausgefüllt werden, wenn wir nicht in Detailarbeiten ersticken oder in Großräumigkeit ertrinken wollen.

Unter diesem Blickwinkel sollen die folgenden Ausführungen stehen.

Problemstellung

Die erste Frage ist wohl die: Warum ist der geologische Bau Europas so kompliziert? Die Beantwortung dieser Frage soll, gewissermaßen als Programm, vorweggenommen werden. Europa, und damit der Raum der DDR, liegt in einem Spannungsfeld globalen Ausmaßes. Auf dessen Ursachen soll hier nicht eingegangen werden. Der materielle Ausdruck dieses Spannungsfeldes ist ein Bruchsystem mit mehr oder weniger horizontalen Bewegungstendenzen. Es kommt ihm also vorwiegend Scherungscharakter zu. Die eine Zerrungsrichtung ist NW—SE. Sie wurde, da sie als Schollenstruktur im heutigen geologischen Bild deutlich zum Ausdruck kommt, bereits um die Jahrhundertwende von KARPINSKY erkannt und wird noch heute als KARPINSKYsches System bezeichnet. Das System herrscht in einem Bereich westlich der Tempelburger Achse, die ihm selbst als integrierender Bestandteil angehört, etwa bis an eine Linie, die sich vom Mjösensee nach Süden ziehen läßt. Jenseits, also westlich dieser Linie, klingt das NW—SE-System rasch ab und gibt einem NE—SW-System Raum. Man darf dabei aber nicht übersehen, daß dieses gegenseitige Raumgeben beider Richtungen nur ein „mehr oder weniger" bedeutet, nicht aber ein gegenseitiges Ausschließen. So ist z. B. das westliche System auch östlich der Mittelmeer—Mjösen-Zone nachweisbar. Die Unterharz—Soonwald-Flexur, das Zentralsächsische Lineament und andere lineamentöse Strukturen gehören gleichfalls diesem System an. Beide Richtungen, die durchaus nicht gleichzeitig und einaltrig sind und mit großer Wahrscheinlichkeit mehrfache Neubelebungen erfahren haben, interferieren und erzeugen im mitteleuropäischen Bereich, und da wieder besonders im Gebiet der DDR, ein Schollenmosaik. Da Hauptstörungslinien, wie das Elbe-Lineament oder die bereits genannte Tempelburger Achse, in wahrscheinlich von der Krustendicke abhängigen Abständen — eine Meinung, die schon H. CLOOS um 1920 vertrat — von parallelen Sekundärzonen im allgemeinen gleicher Tendenz begleitet werden, wechselt die Größe der parallelogrammähnlichen Schollen je nach ihrer örtlichen Lage. Auch ihre Bewegungstendenz ist von dieser abhängig. Im Bereich der N—S gerichteten europäischen Mittelnaht erfolgt eine weitere Komplikation des Störungssystems durch das Auftreten von N—S-Strukturen, die beiderseits der Bruchzone weit in den östlichen und westlichen Bereich hinein wirksam wird.

Dieses Scherungssystem, es mag in seiner Beweglichkeit und seiner Detailstruktur, wie bereits erwähnt wurde, verschiedenaltrig und verschiedenzeitig neubelebt sein, ist globalen Ursprungs. Es ist mindestens seit dem Kambrium im europäischen Raume persistent und umfaßt das Dreieck zwischen der Tempelburger Achse im Osten, den hebridischen Gneisen im Westen und dem Nordrand Urafrikas im Süden. Das ihm zugehörige stofflich der präcadomischen Plattform angehörende Blockfeld ist im mitteleuropäischen Raum zum größten Teil durch Sedimente des Phanerozoikums bedeckt und nur aus deren Verteilung und Entwicklung zu erschließen. Im Laufe der letzten 600 bis 700 Mill. Jahre wird dieser Schollenbau von drei Orogenesen erfaßt, wobei die erste, die am Westrand Europas gelegene kaledonische Orogenese, und die letzte, die im Süden gelegene, alpidische, nur telekinetisch unseren Raum erfassen, während die etwa 350 Mill. Jahre zurückliegende varistische ihre volle Wirkung in dem uns hier interessierenden Raum entfaltet.

Die an der Grenze Kambrium/Präkambrium liegende cadomische Faltung, die in Europa als Schelfbewegung zur nordamerikanischen Grenville-Orogenese aufgefaßt werden kann, kann hier wegen ihrer geringen Intensität und ihrer späteren vollkommenen Rejuvenation außer Betracht bleiben.

Alle diese orogenen Bewegungen, sie seien unmittelbar oder telekinetisch wirksam, treffen auf dieses Schollensystem, überwältigen es, wie es das Beispiel des Elbe-Lineaments im Varistikum erkennen läßt, oder schmiegen sich ihm an, wie es z. B. der Karpatenbogen an die Tempelburger Achse oder der Westalpenbogen an die Mittelmeer—Mjösen-Zone tun. Nach den orogenen Vorgängen, die selbstverständlich im weitesten Maße auch die Sockelgesteine umprägten, wird das Schollensystem stets wieder wirksam und bestimmt, und das ist für den mitteleuropäischen Raum von ausschlaggebender Bedeutung, die Gestaltung der Sedimentationsräume zwischen den Orogenesen, d. h. für unser Territorium die Zeit des Kambriums, Ordoviziums und Silurs sowie den Zeitraum zwischen dem Zechstein (einschließlich) und der Jetztzeit, also das gesamte Mesozoikum und Känozoikum.

Neben diesem globalen Bruchsystem und den darüberlagernden Orogenesen kommt noch ein tektonisches Element hinzu, das für unseren Raum von größter Bedeutung ist. Es ist weniger augenscheinlich und kann in seiner Bedeutung nur großräumig und langzeitig erkannt werden. Es handelt sich um eine persistent auftretende E—W-Furchenbildung am Südrand des skandinavischen Kristallins. Ihren eklatantesten Ausdruck findet sie im eurasiatischen Raum in der ± E—W-Erstreckung des varistischen Systems bzw. noch deutlicher ausgeprägt des Alpen—Himalaja-Orogens. Für das Varistikum, also das Hauptsystem, fehlen leider so detaillierte Untersuchungen, wie sie für den alpidischen Faltenstrang vorliegen, aber es erscheint sicher, daß auch für dieses Orogensystem ein generelles E—W-Streichen vorliegt. Neben diesen Haupterscheinungsformen des E—W-Elements erscheint dieses, allerdings schlechter erkennbar, im mitteleuropäischen Raum als die zumindest seit dem Kambrium wirksame sogenannte Baltische Straße (W. DEEKE 1921). Ihr gehört das Gebiet des Norddeutschen Flachlandes an. Leider fehlt bisher eine Analyse dieses tektonischen Elements.

Das wären die Grundlagen, das Gerippe, der geologischen Geschichte Mitteleuropas. Nur aus dieser Sicht heraus ist die Entwicklung unseres Territoriums zu verstehen.

Es soll nun versucht werden, anhand von Beispielen die einzelnen Entwicklungsetappen zu charakterisieren.

Die tektonische Entwicklung

Der älteste Bestandteil wird gewöhnlich als „kristallines Fundament" bezeichnet. Der Ausdruck ist vieldeutig. Wir wissen heute, daß die Metamorphosegrenzen die stratigraphischen Grenzen schneiden, d. h., daß Kristallin nicht Kristallin ist, daß Basis nicht Basis ist und daß sich im „Kristallin" z. B. des Geophysikers neben wirklich alten Bestandteilen auch Paläozoikum verbergen kann. Der geophysikalische Raum deckt sich nicht mit dem geologischen. Diese Problematik ist sehr wichtig. Wir wissen heute, daß das, was im Süden unter das Norddeutsche Flachland untertaucht, etwas anderes ist, als das, was im Norden der Norddeutschen Senke, im Skandinavischen Kristallin, wieder auftaucht. Hier existiert im Tiefenbereich des Norddeutschen Flachlandes, wahrscheinlich E—W streichend, eine wichtige Grenzlinie, die bei der Interpretation geophysikalischer Indikationen berücksichtigt werden muß.

Anders liegt es anscheinend im Osten. Hier bricht an der Tempelburger Achse altes, sicher präcadomisches Kristallin gegen Westen ab. Es entwickelt sich, ein genauer Zeitpunkt läßt sich für diese erste Anlage nicht angeben, aber zweifellos liegt er nach der Fundament- bzw. Plattformbildung, das erwähnte Schollenmosaik vom Charakter eines altpaläozoischen labilen Schelfes, der, wir sehen noch nicht klar, hier eine kaledonische Überprägung erfahren haben kann. Ist dies der Fall, d. h., liegt hier ein kaledonisches Orogen vor, ergibt sich zwangsläufig eine Reihe praktisch wichtiger Folgerungen. Im Süden ist eine varistische Überprägung des alten Sockels gesichert.

Der Alters- und Existenzfrage des kristallinen Fundaments kommt aber noch eine weitere Bedeutung zu. Alle geophysikalischen Potentialmethoden geben global die gesamte Erfassungstiefe wieder. Man kann zwar heute Tiefeneffekte von Flacheffekten einigermaßen trennen, aber ohne eine Vorstellung von der Wirkungsmöglichkeit der Tiefenstrukturen wird sich, zumindest heute, eine verläßliche Deutung des Anomalienbildes für die praktisch interessierenden höheren Stockwerke nicht erreichen lassen. Die Deutung des heutigen Anomalienbildes wird noch dadurch erschwert, daß in späterer Zeit Schollenhebungen und -senkungen autonomer oder halokinetischer Natur stattgefunden haben. Aus den Sedimentationsbedingungen der Nachzeit lassen sich solche Bewegungen einigermaßen ableiten, doch reichen die z. Z. zugänglichen Unterlagen noch nicht aus, um sie bei der geophysikalischen Interpretation im notwendigen Umfang berücksichtigen zu können. Auf Einzelfälle wird noch zurückzukommen sein.

Die wichtigsten Lineamente, die das Fundament zerreißen und z. T. bis in die simatische Unterkruste durchsetzen, sind für unser Territorium das Elbe-Lineament, die Pfahl-Linie bzw. der SW-Abbruch des Thüringer Waldes und gewisse N—S-Suturen. Diese sind komplexe Gebilde mit Sekundäreffekten, die den gesamten Bereich der DDR in ein System NW—SE gerichteter, mehr oder weniger breiter Schollen zerlegen, die ihrerseits durch die erwähnte NE—SW-Richtung in parallelepipedische Körper aufgeteilt werden. Für die Auswirkung der N—S-Richtung fehlt noch eine Analyse. Den Tiefgang der Elbe-Linie hat man lange unterschätzt. Wir wissen heute, vor allem durch die Arbeit in der ČSSR, daß er z. T. bis in den simatischen Bereich hinunter geht, denn neben einer starken Durchtränkung mit sauren Magmen treten auch basische und ultrabasische Körper, allerdings kleineren Ausmaßes, auf. Dieses Lineament sollte auf die lagerstättenkundlichen Konsequenzen neu betrachtet werden. Das Alter der Elbe-Linie bzw. deren erste Anlage kennen wir nicht sicher; vielleicht ist es schon mit jungalgonkisch anzusetzen. Der Charakter der Pfahl-Linie entspricht jenem der Elbe-Linie. Ein weiteres Lineament sei erwähnt, das als Beispiel für eine NE—SW streichende Struktur dienen soll. Es handelt sich um das Zentralsächsische Lineament, das am Nordrand der Böhmischen Masse das Gegenelement zur moldanubischen Überschiebung darstellt und durch die autochthonen Klippen bzw. Diapire der Münchberger Masse, der Wildenfelser Masse, des Granulitgebirges und des Frankenberger Zwischengebirges gekennzeichnet ist. An der Elbe-Linie scheint es wie viele Strukturen abzubrechen, obwohl es an der Interferenzstelle an dem Auftreten der Gneise von Merschwitz und den wohl injektiven Gneisen von Strehla (= Graniten von Strehla) noch erkennbar ist. Es ist wahrscheinlich, daß es auch östlich des Elbe-Lineaments eine Fortsetzung hat und als Tiefenstruktur eine Rolle spielt. Die Bedeutung dieser Zone ist dadurch charakterisiert, daß sie im Raume des

Granulitgebirges Merkmale zeigt, die, wie bereits G. C. AMSTUTZ (1960), allerdings unter Beibehaltung der nichtbewiesenen Schüsselstruktur von Sudbury, in Erwägung zog, eine gewisse Ähnlichkeit mit dieser Lagerstätte belegen und den großen Tiefgang dieses Elements bezeugen. Es liegt im Granulitgebirge, wie bereits J. LEHMANN (1884) erkannte und in neuerer Zeit H.-J. BEHR (1961) überzeugend zeigen konnte, eine diapirartig bis in die ordovizisch-devonische Trogfüllung aufgestiegene Masse vor. AMSTUTZ (1960) und H.-J. BEHR (1968) wollen damit Ringstrukturen verbunden sehen. Der Auffassung von G. C. AMSTUTZ, der in dem Ringsystem ein solches sehen will, wie es v. BÜLOW im lunaren Bereich postuliert, kann man für das Granulitgebirge schwer folgen, doch sind Ringstrukturen (besser ummantelte Plutone bzw. ummantelte Diapire), wie sie H.-J. BEHR (1968) vermutet, durchaus möglich. Diese Frage ist insofern wichtig, als eine Ringstruktur im Sinne eines ummantelten Plutons von H.-J. BEHR (1968) im Erzgebirge, und zwar in dessen varistischem Sockel, mit großer Wahrscheinlichkeit aufgezeigt werden konnte. Vieles spricht dafür, daß solche Strukturen für orogene Sockelgesteine im allgemeinen typisch sind. Die oft beobachtete flache Lagerung der orogenen Tiefenbereiche spricht in gleichem Sinne. Man könnte Kuppelformen als Folgen des Aufstiegs der orogen-anatektisch entstandenen Granitoide auffassen, doch sei hier diesem Gedankengang nicht weiter gefolgt. Wichtig ist aber die Frage, ob diese Ringstrukturen im genannten Sinne für das varistische Grundgebirge Europas wirklich typisch sind. Im Falle einer Bejahung dieser Frage ergeben sich neue Aspekte für die Interpretation tiefliegender Anomalien im Norddeutschen Flachland. Diese Frage kann für das varistische Grundgebirge nur im Süden der DDR, für das ältere nur im Bereich des Skandinavischen Kristallins geklärt werden. Ansätze in dieser Richtung liegen vor, doch sind die Arbeiten bisher nicht systematisch betrieben worden. Die Verhältnisse im Rhodopen-Kristallin bzw. dem für solche Studien besonders günstigen Kristallin Indiens und Kanadas verstärken zwar die vorgetragene Auffassung, doch genügen die bisherigen Erfahrungen nicht zu einer vollen Klärung dieser wichtigen Problematik.

In dem eingangs besprochenen, paläozoisch wahrscheinlich noch nicht voll entwickelten, aber grundsätzlich vorhandenen Bruch- bzw. Schollensystem kommen ordovizisch die telekinetischen Impulse der westlich gelegenen Kaledoniden Norwegens zur Auswirkung. Ob die gleichen Wirkungen auch vom Osten eingreifen, ist jenes Problem, das schon mit der Frage berührt wurde, ob man am fennosarmatischen Außenrand mit Kaledoniden rechnen muß. Der derzeitige Kenntnisstand läßt die Auffassung zu, daß in der Lausitz, den Westsudeten und weiter im Osten zwar Bewegungen im Ordovizium stattfanden und daß in diesen Gebieten das Dinant Gerölle devonischer Quarzite führt und Molassecharakter besitzt, wobei es sich durchaus auch um eine intraorogene Frühmolasse handeln kann, aber daß doch manches gegen die Annahme eines kaledonischen Orogens s. str. spricht. Es wäre zweckmäßig, diese Bewegungen mit dem sicher nachweisbaren Varistikum zusammenzufassen und die Gesamtheit als Paläozoiden zu bezeichnen. Das heißt mit anderen Worten, die Kaledoniden und jedes Orogen als ein ortsgebundenes und nicht als ein zeitgebundenes Phänomen aufzufassen. Der Problematik dieser Frage kommt gewisse perspektivische, prognostische und prospektive Bedeutung zu.

Die kaledonisch-telekinetischen Einwirkungen auf das Schollensystem Europas sind nicht unerheblich. K.-A. TRÖGER (1959) konnte im Vogtland zeigen, wie stark sie vertikal wirksam waren und in welchem Umfang sie den ordovizischen Sedimentationsraum beeinflußt bzw. geprägt haben. H. BRAUSE (1967) kam im ostelbischen Raum zu ähnlichen Ergebnissen. Leider wurden diese Arbeiten nicht systematisch weiterverfolgt, so daß wir z. Z. noch nicht in den tiefabgesunkenen Teil des Norddeutschen Flachlandes extrapolieren können. Diese notwendige Arbeit stünde im Rahmen der Tiefenerkundung noch bevor.

Sofort anschließend an die ordovizischen Bewegungen bzw. gleichzeitig mit ihnen setzte die varistische Trogbildung ein. Die tektonische Analyse des südlichen Teiles des Nordbeckens des varistischen Orogens ist intensiv bearbeitet, aber eine Extrapolation auf den Untergrund des Norddeutschen Flachlandes ist noch nicht in dem Umfang versucht worden, wie es der Notwendigkeit einer Tiefenerkundung entspricht. Vor allem fehlt eine systematisch betriebene Analyse des varistischen Außenrandes, d. h. des Verlaufs der Vortiefe, die nach Ansicht des Verf. durch Schollenbewegungen modifiziert worden ist, sowie eine Analyse der varistischen Spätphasen, vor allem des Rotliegenden. Diese für Theorie und Praxis vordringlichste Arbeit wird nicht unerheblich dadurch erschwert, daß in der Zeit der varistischen Nachphasen das altangelegte Lineament bzw. Schollensystem, das während der varistischen Orogenese überspielt wurde, wieder, und im Ablauf der Zeit sich verstärkend, zur Wirkung kommt. Erschwerend ist weiter die Tatsache, daß sich die Baltische Straße, d. h. das E—W-Element südlich des Baltischen Schildes, nun mit aller Deutlichkeit durchsetzt. Hier fehlen, soweit sich übersehen läßt, systematische Studien fast vollkommen.

Voll wirkt sich das Lineamentsystem dann ab Zechstein aus. Es wird von da ab bestimmendes Element für Anlage und Form der jungpaläozoischen und mesozoischen Sedimenträume.

Vor der Analyse dieser tektonischen Formen seien dem varistischen Magmatismus einige Bemerkungen gewidmet. Den initialen und synorogenen Magmatismus kennen wir von vielen Stellen im Süden der DDR. Eine größere lagerstättenbildende Tendenz scheint ihm zu fehlen. Da erfahrungsgemäß beide magmatische Stadien in den Außenzonen der Orogene zurücktreten, ist in den varistischen Strukturen des norddeutschen Territoriums kaum mit Vorkommen zu rechnen, die den Bedingungen einer Lagerstätte entsprechen.

Große Bedeutung kommt jedoch im zentralen Teil des Varistikums im Süden der DDR dem Subsequenzstadium des Magmatismus zu. Dieser Magmatismus durchflutete weite Bereiche. Obwohl in den letzten Jahren, anknüpfend an frühere Vorstellungen von H. MÜLLER und P. NIGGLI, Stimmen laut geworden sind, die starke Vererzung von hydrothermalem Typus im Erzgebirge z. T. nicht an diesen Magmatismus zu binden, sei hier daran festgehalten, daß diese Vererzung zum überwiegenden Teil varistisch ist. Altersbestimmungen sagen dabei wenig aus; denn Umlagerungen haben zu jeder Zeit stattgefunden und finden bis heute statt. Ältere Alterszahlen für einige Pechblenden deuten auf die Kreide/Tertiär-Grenze für diesen Vorgang hin, doch liegen auch ältere und jüngere Zeitangaben vor. Erst wenn die Untersuchung auch in jüngeren Formationen primäre Vererzungen des hydrothermalen erzgebirgischen Typus nachweist, die örtlich nicht an den varistischen Magmatismus gebunden sind, könnte man an eine jüngere, vielleicht laramische Vererzungsphase, von einer Fluorit- und Barytzufuhr sei hier abgesehen, denken. Die Gleichheit von Paragenesen als Auswirkung zeitlich unabhängiger physikalisch-chemischer Gesetzmäßigkeiten ist dabei ohne Beweiskraft. Auch die Tatsache, daß der lineamentgebundene simatische Magmatismus vereinzelt lagerstättenbildend auftritt, kann nicht auf den gesamten Bereich Mitteleuropas extrapoliert werden. Dieser Fragenkomplex wird erst dann einer Lösung zugänglich sein, wenn regionale Übersichten vorliegen.

Abgesehen von dieser Problematik muß aber die Tatsache hervorgehoben werden, daß unsere Granite ein Zinnrevier darstellen, an dessen varistisch-subsequenter Stellung nicht zu zweifeln ist. Nicht ausschließen kann man dabei die Vorstellung, daß der Zinnreichtum des Erzgebirges hereditär sei. Die Sn-Führung der Sapropelite des Jungalgonkiums Böhmens und des Erzgebirges kann auf jene Granite zurückgehen, die man aus den jungalgonkischen Konglomeraten dieses Raumes kennt. Selbstverständlich spielt hier der gesamte weltweite Fragenkomplex über Natur und Herkunft dieser jungalgonkisch-infrakambrischen Gerölle eine wesentliche Rolle. Auch eine Zinnführung der Endphasen der frühvaristischen Rotgneise des Erzgebirges ist nicht auszuschließen. Der Sn-Reichtum der varistischen orogenen Subsequenztypen wäre durch diese Stufenanreicherung erklärbar. E. BEDERKE (1954) und A. WATZNAUER (1939/40) haben einen solchen Vererbungsvorgang für den Riesengebirgs-Isergebirgs-Pluton nachweisen können. Das Fehlen von Zinn in den subsequenten Effusiven ist ein Problem, auf das hier nur hingewiesen werden kann.

Dem varistisch subsequenten Magmatismus, vor allem effusiver Natur, kommt außer seiner Erzführung noch eine zweite, nicht unerhebliche Bedeutung zu. Man nahm bis vor einiger Zeit an, daß der Magmatismus dieses Typus in den orogenen Vorsenken fehle. Heute weiß man, daß er dort ebenso reichlich auftritt wie in den übrigen Teilen des Orogens. Es entwickelt sich immer mehr die Auffassung, daß ein saurer, anatektisch ableitbarer Magmatismus nicht ein Spezifikum eines orogenen magmatischen Zyklus darstellt, sondern allgemein dort auftritt, wo im Gefolge tiefer Absenkungen Sockelteile in jene Bereiche gelangten, in denen eine Anatexis auftreten muß. Seine vorherrschende Effusivform und die damit verbundene Erscheinung der Überhitzung ist z. Z. noch nicht ganz geklärt, dürfte aber wohl mit seiner Lage in stets Wasser enthaltenden Sedimenttrögen und der Exothermie des Vorganges der Wasseraufnahme durch Magmen eine Erklärung finden. Falls dies zutrifft, müßte gegebenenfalls eine zweite Hochquarzgeneration nachweisbar sein. Auch seine lagerstättenkundliche Bedeutung ist vielleicht mit dem Red-Bed-Milieu seines Wirkungsraumes verknüpft. Dieser Magmatismus entwickelt sich im Molassetrog genauso wie im Zentralteil der Orogene, aber auch in starken Senkungsgebieten außerhalb jedes orogenen Geschehens. Subsequent ist er nur im Hinblick auf den nur orogen auftretenden synorogenen Magmatismus. Daß ein solcher spätorogener, saurer Magmatismus im Norddeutschen Flachland auftritt, ist ein Hinweis darauf, daß der varistische Molassetrog (Oberkarbon—Perm) hier sehr stark abgesunken ist. Daß die Abrißnähte der Baltischen Straße als Förderwege dieses Magmatismus stark in Erscheinung treten, ist einzusehen. Typisch ist, daß die geförderten Massen eine gewisse Alkali-Tendenz erkennen lassen. Nach den vorliegenden Erfahrungen macht sich mit dieser Tendenz der Einfluß lineamentöser Elemente oder jener von Vorlandstrukturen bemerkbar.

Die Entwicklung der postvaristischen Sedimentationsräume

Die Sedimentationsverhältnisse der spät- bis nachvaristischen Zeit sind eng mit der Schollennatur des Untergrundes verknüpft. Beherrschend für die paläogeographische Situation des mitteleuropäischen Raumes erweist sich von jetzt ab die N—S gerichtete Mittelmeer—Mjösen-Zone. In ihrem Bereich erfolgt der Einbruch des Zechsteinmeeres vom Norden. Sie bestimmt die Hauptrichtung des Buntsandsteinbeckens und die Einbruchstelle des Muschelkalkmeeres. Allerdings schaltet sich bereits zu dieser Zeit scharf das tektonische Element der E—W streichenden Baltischen Straße ein, die in gewissem Umfang ein Abbiegen des N—S-Einflusses in die E—W-Richtung erzwingt. Nur in den ausgeprägten Lineamentstrukturen greifen dann aus diesem Zentralraum Transgressionsausläufer nach Süden vor, wie die Buntsandstein-, Jura- und Kreidefüllung des Elbe-Lineaments, die Anlage der Hessischen Straße u. ä. Die Haupttendenz des eigentlichen, im Bereich des Norddeutschen Flachlandes gelegenen Absenkungstroges bleibt jedoch die E—W-Richtung, wobei eine NW—SE-Tendenz als Wirkung des fennosarmatischen Außenrandes nicht ausgeschlossen werden kann. Eine solche paläogeographische Situation weist der gesamte Zeitabschnitt vom Jura bis in das Tertiär auf. In diesen nachvaristischen Zeitabschnitt fällt jedoch die alpidische Faltung als das dritte große Ereignis des mitteleuropäischen Raumes. Wie bereits erwähnt wurde, spielt sich diese in einem breiten Orogenbereich ab, der sich, aus vielen Einzeltrögen bestehend, bis in das Gebiet des Himalaja bzw. der Sunda-Inseln verfolgen läßt. Diesem gewaltigen E—W-System wird der mitteleuropäische Raum untergordnet. Er ist sein Vorfeld und, vorgezeichnet durch seinen präexistenten Schollencharakter, sein labiler Schelf. Während dieser Zeit führen, ähnlich der Situation im paläozoischen labilen Schelf des Ordoviziums, die Schollen des Fundaments, bedingt durch die Impulse aus dem alpidischen Orogenraum, Schaukel- und Drehbewegungen durch. Diese Schollenbewegungen bestimmen die mesozoischen Sedimentationsräume im Bereich des gesamten nördlichen Orogenvorlandes, d. h. auch jene im Bereich des Norddeutschen Flachlandes. Herr Doz. Dr. K.-A. TRÖGER hatte die Liebenswürdigkeit, einige dieser Fälle als Beispiele zur Verfügung zu stellen.[1]) Sie seien nachfolgend im Wortlaut wiedergegeben:

„Elbtal-Zone"

„Besonders deutlich zeigt sich die fazielle Ausbildung der Oberkreide (Transgression des Obercenomans und der *Plenus*-Zone) als ein von Schollenbewegungen abhängiger Vorgang. Die Lage der Trogachse zwischen dem Zittauer Gebirge und nördlich Pirna entspricht in etwa der Lage der Lausitzer Überschiebung. Südwestlich dieses Randtroges bestehen zwei weitere NW bis SE streichende Senkungszonen, die auf Schollenkippungen längs NW—SE streichender Achsen nach NE zurückgeführt werden können. Die Kippungsachsen sind im Obercenoman und in der *Plenus*-Zone als langgestreckte Inselketten und Schwellenbereiche erkennbar. Die Pirna—Meißener Zone ist heute noch erhalten, während die Niederschöna—Gottleubaer Zone weitgehend der Erosion anheimgefallen ist. Von Kippungsachsen, die außerhalb des Elbe-Lineaments nachweisbar sind, sollen hier die Mittelerzgebirgische Störungszone und der Erzgebirgsabbruch genannt werden. Innerhalb der ersteren besitzt die NW—SE verlaufende, obenerwähnte Insel- und Schwellenzone einen deutlichen Vorsprung nach NE, und die Isopachen des Obercenomans und der *Plenus*-Zone biegen scharf aus der NW—SE-Richtung in NE—SW-Richtung um.

Weiter deutet sich auch eine Schollenkippung nach NW an, wobei als Kippachse wieder die Mittelerzgebirgische Störungszone auftritt. Nördlich des Erzgebirgsabbruchs erscheint darüber hinaus eine NE—SW verlaufende Senkungszone. F. DECKER (1963) konnte diese durch eine fazielle Analyse der *Plenus*-Zone bestätigen."

„Subherzyn"

„Im Apt und Alp wie in der Oberkreide (ab Unterconiac) läßt sich im Subherzyn auf Grund der faziellen Ausbildung eine Schollenbewegung im Unterbau nachweisen. E. VOIGT (1929, 1963) hat auf solche Bewegungen längs NE—SW gerichteter Achsen und auf die Anlage eines damit verbundenen NE—SW streichenden Randtroges hingewiesen. Weiter konnte K.-A. TRÖGER auf Grund einer faziellen und tektonischen Analyse des Coniacs und Santons eine Drehachse des Harzes bei Blankenburg wahrscheinlich machen. Neuere Untersuchungen zeigen auf Grund der faziellen Veränderungen des Obersantons eine Einbeziehung auch des Harzvorlandes in diese Bewegung. Dabei spielen die tektonischen Verhältnisse insofern eine Rolle, als in der unmittelbaren Fortsetzung der geschilderten Drehachse nach Süden die Mittelharzer Eruptivgänge eine mobile tektonische Zone deutlich machen.

A. ROLL (1953) hat ähnliche Verhältnisse im Coniac und Santon bei Bad Harzburg nachgewiesen und als Schollengrenze gedeutet."

„Nordostdeutsche Senke"

„Im westlichen Teile der Nordostdeutschen Senke deckt sich ein NW—SE streichender asymmetrisch gebauter Trog mit 900 m Unterem und Mittlerem Buntsandstein mit der Lage des wohl als Scholle zu interpretierenden Ostelbischen Massivs.

Seine südwestliche, dem Mitteldeutschen Hauptabbruch zugewendete Flanke fällt dabei steiler ein als seine nördliche. Die Trogachse verlagert sich im Muschelkalk und Keuper nach Süden. Dort entwickelt sich ab Jura ein NW—SE verlaufender zugehöriger Randtrog, der allerdings stark halokinetisch beeinflußt wird.

Am Nordostrand der Nordostdeutschen Senke zeigen die Mächtigkeitsveränderungen ab Perm ebenfalls die Anlage einer Senkungszone an, die im Jura als Randtrog im Gebiet des Grimmener Walles zu liegen scheint. Nach einer jungkimmerisch erfolgten Inversion entwickelten sich beiderseits des Grimmener Walles zwei Randtröge.

Randtröge ähnlicher Position lassen sich noch an mehreren Stellen nachweisen. Obwohl das zur Zeit vorliegende Material noch keine endgültige Formulierung eines Ergebnisses gestattet, scheinen Schollenbewegungen die plausibelste Erklärung dieser Erscheinung zu geben. Solche Bewegungen sind in den Gebieten der Fundament-Hochlage, das heißt im Süden der DDR, nachweisbar. Der Schluß beim Auftreten der gleichen Erscheinungen im Norden auf die gleiche Ursache erscheint gerechtfertigt."

Ähnliche, noch wenig oder gar nicht untersuchte Fälle, in denen sich Schollenbewegungen des Unterbaus auf die tektonisch-stratigraphische Entwicklung des Oberbaus auswirken, liegen vermutlich bei der Mitteldeutschen Schwelle als dem Trennglied Saxothuringikum/Rhenoherzynikum, dem Pritzwalker Massiv, dem Ostelbischen Massiv sowie bei der Riffschwellenentwicklung des Zechsteins vor. Im Vogtland zeigt eine Analyse des Hauptquarzits eine ähnliche Situation an, und im Bereich des Erzgebirges muß zwischen dem bis in das Ordovizium andauernden synkinematischen Rotgneismagmatismus und dem Einsetzen des serorogenen oberkarbonisch-permischen Magmatismus eine bedeutende schollenartige Heraushebung stattgefunden haben, die von einer Schollenkippung gegen SW begleitet war.

Die Sachlage wird dadurch kompliziert, daß die tektonischen Impulse auch die inverse Dichteverteilung des Zechsteinsalinars aktivierten und halokinetische Bewegungen von z. T. großem Umfang anlaufen ließen.

Zusammenfassung

Es wurde versucht, den erdgeschichtlichen Ablauf im Süden der DDR so weit zu klären, daß eine Extrapolation auf den Untergrund des Norddeutschen Flachlandes ermöglicht wurde. Ansätze hierzu lagen bereits vor, aber eine systematische Bearbeitung mit dieser Zielrichtung fehlte bisher.

Die Verhältnisse, vor allem die Bildung von Sedimentbecken im jüngeren Abschnitt der geologischen Entwicklung des Territoriums des Norddeutschen Flachlandes, sind bestimmt durch das Vorhandensein eines altangelegten Schollensystems, das während der kaledonischen Orogenese dem Gebiet den Charakter eines labilen Schelfes, während der varistischen Orogenese den Charakter einer komplizierten Außenzone und während der alpidischen Orogenese wieder den Charakter eines labilen Schelfes verleiht. Eine epipaläozoische Plattform in strengem Sinne kommt nur sehr kurzzeitig zur Entwicklung. Hier sollte eine tektonisch-lithologische Analyse den zeitlich-räumlichen Ablauf klären.

Neben dem KARPINSKYschen Schollensystem hat die Baltische Straße einen maßgebenden Einfluß auf die paläo-

[1] Die Beiträge von K.-A. TRÖGER sind in Anführungsstriche gesetzt.

Zeitschrift für angewandte Geologie, Bd. 15 (1969), Heft 2

geographischen Verhältnisse. Dem Studium ihrer Entwicklung sollten zielgerichtete tektonisch-magmatisch-stratigraphische Grundlagenforschungen gewidmet werden.

Резюме

Была сделана попытка до такой степени выяснить исторический процесс развития территории на юге ГДР, чтобы была возможна экстраполяция глубокого горизонта Северо-германской низменности. Попытки в этом направлении принимались и раньше, но до сих пор отсутствовало систематическое исследование в этом направлении.

Условия, прежде всего, образования осадочных бассейнов в более молодом отрезке геологического развития территории Северогерманской низменности определяются присутствием заложенной древней системы глыб, которая придает области во время каледонского орогенеза характер лабильного шельфа, во время варисцийского орогенеза — характер сложной внешней зоны, а во время альпийского орогенеза — опять характер лабильного шельфа. Эпипалеозойская платформа в узком смысле имела только очень кратковременное развитие. Здесь при помощи тектоно-литологического анализа следует выяснить ход развития во времени и в пространстве.

Наряду с системой глыб Карпинского балтийский проход имеет решающее влияние на палеогеографические условия. К изучению его развития должны целеустремленно проводиться тектонические, магматические, стратиграфические исследования основ.

Summary

An attempt was made to explain the geological development in the south of the G.D.R. to be able to make an extrapolation in relation to the basement of the North German plain country. Although approaches were already available, a systematic investigation directed at this aim has been missing so far.

The conditions, above all the formation of sedimentary basins in the younger section of the geological development in the territory of the North German plain country, are determined by the existence of a system of blocks built in old times, which confers upon the area the character of an unstable shelf during the Caledonian orogenesis, the character of an intricate outside zone during the Variscan orogenesis, and, once more, the character of an unstable shelf during the Alpidic orogenesis. An epipalaeozoic platform in the strict sense is only developed for a very short time. A tectonic-lithological analysis should be able to account for the development in the time and in the space.

The Baltic strait in addition to the KARPINSKY block system decisively influences the palaeogeographical conditions. Basic tectonic-magmatic-stratigraphic research work should be devoted to a study of their development.

Literatur

AMSTUTZ, G. C.: Genetische Zusammenhänge zwischen Erzlagerstätten und Ring- oder Polygonal-Strukturen im Präkambrium und Paläozoikum von Missouri (USA) und anderen Schildgebieten. — Erzmetall, **13**, 430—434, Stuttgart 1960.

BEDERKE, E.: Der caledonische Plutonismus der Sudeten. — Geol. Rdsch., Stuttgart 1954.

BEHR, H.-J.: Beiträge zur petrographischen und tektonischen Analyse des sächsischen Granulitgebirges. — Freiberger Forsch.-H., C 119, Berlin 1961.

— Altersbeziehungen zwischen Magmatismus, Metamorphose und ringförmigen Großstrukturen im sächsischen Erzgebirge. — Freiberger Forsch.-H., C 241, Leipzig 1968.

BRAUSE, H.: Das verdeckte Altpaläozoikum der Lausitz und seine regionale Stellung. — Diss., Bergakademie Freiberg (im Druck).

DECKER, F.: Beiträge zur Kenntnis des Cenoman im Elbsandsteingebirge. — Ber. geol. Ges. DDR, **8**, 2, 141—151, Berlin 1963.

DEEKE, W.: Zur Stellung der oberrheinischen Massive im tektonischen Bau Deutschlands und Mitteleuropas. — Z. dt. geol. Ges., Mber. **73**, 19—39, Berlin 1921.

LEHMANN, J.: Untersuchungen über die Entstehung der altkrystallinen Schiefergesteine ... Bonn 1884.

ROLL, A.: Der Harzrand bei Bad Harzburg. — Neues Jb. Geol. Paläont., Abh., **97** (HENNIG-Festband), 90—98, Stuttgart 1953.

TRÖGER, K.-A.: Kaledonische und frühvariscische Phasen im Vogtland und den angrenzenden Gebieten. — Freiberger Forsch.-H., C 73, Berlin 1959.

VOIGT, E.: Zur Lithogenese der Flach- und Tiefwassersedimente des jüngeren Oberkreidemeeres. — Jb. hallesch. Verb., N. F., **8**, Lfg. 2, 1—161, Halle 1929.

— Über die Randtröge vor Schollenrändern und ihre Bedeutung im Gebiet der Mitteleuropäischen Senke und angrenzender Gebiete. — Z. dt. geol. Ges., **114** (1962), 2. Teil, 378—418, Hannover 1963.

WATZNAUER, A.: Metamorphe Greisen, ein Beitrag zur Frage kaledonischer Zinnerzlagerstätten in den Sudeten. — Firgenwald, 12, Reichenberg 1939/1940.

GALIMOW, E. M.[1])

Die Isotopenzusammensetzung des Kohlenstoffs in den Gasen der Erdkruste

Bearbeitet und gekürzt von F. MAY, Gommern

Wenn wir genügend Angaben über Natur und Entwicklung der Gase in der Erde hätten, würden viele geologische Probleme einfacher werden. Diese Überlegung von A. P. WINOGRADOW (1964) trifft besonders auf den Kohlenstoff zu, dessen Geochemie weitgehend dadurch bestimmt wird, bewegliche gasförmige Verbindungen, von denen CO_2 und CH_4 geologisch am wichtigsten sind, zu bilden.

In dieser Arbeit werden neue experimentelle Daten über die Isotopenzusammensetzung von Gasen, hauptsächlich Kohlenwasserstoffen, angeführt, die in Zusammenhang mit einigen bemerkenswerten Gesetzmäßigkeiten besprochen werden.

Experimentelle Methodik

Gasproben von Erdöl- und Erdgaslagerstätten sowie in Schichtwässern gelöste Gase wurden aus Bohrungen mit Tiefenprobenentnahmegeräten und in einigen Fällen am Bohrlochmund entnommen. Die an Steinkohlen adsorbierten und in Einschlüssen von Eruptivgesteinen enthaltenen Gase wurden durch Zerkleinerung und Vakuumdegasierung isoliert.

Das Kohlendioxid wurde mit Hilfe von Bariumhydroxidlösung aus dem Erdgas abgetrennt und durch Zersetzung des ausgefällten Bariumkarbonats mit Schwefelsäure in reinem Zustand erhalten.

Die Trennung der Kohlenwasserstoffkomponenten erfolgte durch Tieftemperaturrektifikation.

Für die massenspektrometrische Analyse wurden die Kohlenwasserstoffe durch Oxydation bei 800 °C in einem Hochvakuum-Kreislaufsystem mit einem Labyrinthreaktor an CuO zu Kohlendioxid verbrannt. Die Gaszirkulation wurde durch eine elektromagnetische Glaskolbenpumpe bewirkt. Die Entfernung des in geringer Menge bei der Verbrennung entstehenden N_2O, dessen Moleküle ebenfalls wie CO_2 die Massen 44 und 45 besitzen, erfolgte durch Zersetzung an metallischem

---

[1]) Moskauer Institut für erdölchemische und Gasindustrie I. M. GUBKIN

Eingang des Manuskripts in der Redaktion: 16. 5. 1968.

Tab. 1. Isotopenzusammensetzung des Kohlenstoffs von Gasen aus Sedimentgesteinen

Feld	Nr. der Bohrung	Mittlere Teufe des produktiven Horizontes (m)	Geologisches Alter des Speichergesteins	$\delta^{13}C$ (%) CH_4 + SKW	$\delta^{13}C$ (%) CO_2	Konzentrationen (%)			Morphologie des Gases
						CH_4	$\sum_{n=2}^{n=5} C_nH_{2n+2}$	CO_2	
Ostsibirien:									
Markowskaja	R- 8	2172	Cm_1	−3,74	–	–	–	–	FE
	R-16	2626	Cm_1	−3,99	–	–	–	–	FE
	R-15	2588	Cm_1	−3,90	–	–	–	–	FE
Birkinskaja	R- 1	1236	Cm_1	−4,06	–	–	–	–	FE
Mangyschlak:									
Shetybaj	10	2260	J_2	−3,79	−1,86	76,59	5,19	5,6	B
	10	2520	J_2	−4,01	−0,73	43,42	5,08	2,6	B
	4	2520	J_2	−3,96	–	78,07	4,13	0,5	B
	4	2500	J_2	−3,89	−1,11	81,44	4,56	5,1	B
	8	2450	J_2	−3,31	−2,16	80,9	6,5	0,1	B
	11	2430	J_2	−3,70	–	80,02	6,48	1,2	B
Usen	2	1378	J_2	−3,92	+0,10	94,72	3,58	2,1	B
	2	1370	J_2	−4,04	−1,01	87,96	4,64	2,1	B
	6	1375	J_2	−4,28	+0,05	73,0	4,8	0,9	B
	K-21	575	Cr_1	−4,91	−0,99	92,0	0,01	1,8	G
	11	460	Cr_1	−5,26	−1,67	16,1*	0,01	2,3	G
Aktjubinsker Uralrandgebiet									
Aleksandrowskaja	G-14	2335	C_3	−3,72	–	96,1	1,01	0,2	G
	G- 8	1000	P_1ant + sk	−4,07		–	–	–	G
	G-10	1035	P_1art − sk	−4,20	−2,29	94,9	2,5	0,4	G
	G-23	2350	P_1sk	−3,75	–	88,9	10,0	0,1	G
	G-14	950	P_1art + sk	−4,39	–	–	–	–	G
	G-23	2360	P_1sk	−3,58	–	–	–	–	G
	G-23	1455	P_1art + sk	−4,11	–	–	–	–	G
	G-22	675	P_1art	−4,17	–	–	–	–	G
Bištamakskaja	G-11	1695−1780	P_1art	−4,33	–	92,0	4,86	0,1	G
Džusa	G-10	1738−1803	P_1art	−4,09	–	95,2	2,94	0,27	G
	G- 7	1420	P_1kg	−3,7	–	–	–	–	FE
	G- 9	900	P_1kg	−3,9	–	–	–	–	B
Westliches Mugodscharrandgebiet:									
Kin-Kijak	G-60	1804	P_1kz	−3,75	–	80,5	15,3	0,1	FE
	G-60	1700	P_1tat	−4,11	–	–	–	–	G
	G-40	338	J_2	−5,62	–	46,8	4,37	0,3	B
	G-27	328	J_2	−5,80	–	89,1	7,03	0,2	FE
Kok-Shide	G-51	312	J_2	−6,28	–	–	–	–	G
	G-53	346	J_2	−5,90	–	–	–	–	FE
Vorkaspische Senke:									
Dshaksymaj	114	660	T_2	−4,82	−0,44	12,4*	0,64	0,4	B
	201	640	P−T	−4,78	–	73,8	23,6	0,3	B
Martyschi	3	665	P−T	−4,33	–	–	–	–	FG
	G- 2	600	P−T	−4,56	–	–	–	–	FG
Akshar	17	1060	P_2	−5,02	−1,46	72,6	23,6	0,3	B
	G-20	327	Cr_1ap	−6,14	–	–	–	–	G
	5	368	Cr_1ap	−6,48	–	82,4	0,02	0,1	B
	G-16	391	J_2	−6,12	–	12,9*	0,1	1,1	G
Prorwa	1	2280	J_2	−3,64	–	–	–	–	FG
	38	2300	J_2	−3,82	–	–	–	–	FG
	35	2300	J_2	−3,79	–	–	–	–	FG
Nördliches Randgebiet am Aralsee:									
Akkulowsko-Basajskaja	21	355	Pg_2	−7,21	–	–	–	–	G
	G- 4	332	Pg_2	−6,81	−2,19	94,3	0,15	1,4	G
	10	345	Pg_2	−6,78	–	–	–	–	G
	10	350	Pg_2	−6,83	–	–	–	–	G
	G- 8	345	Pg_2	−6,77	+0,17	92,0	0,22	1,6	G
	G- 8	340	Pg_2	−6,82	–	–	–	–	G
	22	383	Pg_2	−6,62	–	–	–	–	G
	G- 1	476	Pg_2	−6,36	−0,56	93,3	0,23	2,5	FG
	G- 7	334	Pg_2	−7,00	−0,91	95,5	0,2	0,9	FG
	G-11	330	Pg_2	−7,20	–	–	–	–	G

Zeitschrift für angewandte Geologie, Bd. 15 (1969), Heft 2

Fortsetzung Tab. 1

Feld	Nr. der Bohrung	Mittlere Teufe des produktiven Horizontes (m)	Geologisches Alter des Speichergesteins	$\delta^{13}C$ (%) CH_4+SKW	$\delta^{13}C$ (%) CO_2	Konzentration (%)			Morphologie des Gases
						CH_4	$\sum_{n=2}^{n=5} C_nH_{2n+2}$	CO_2	
				Mittelasien:					
Schur-Tepe	10	1300	Cr_1	−3,42	–	–	–	–	K
Utsch-Kyr	9	1642	Cr_1	−3,61	–	–	–	–	K
	4	1620	Cr_1	−3,57	–	–	–	–	FG
	11	1682	Cr_1	−3,20	–	–	–	–	FG
	5	1670	Cr_1	−3,64	–	–	–	–	K
Nord-Mubarek	16	1910	J_3	−3,38	–	–	–	–	B
	11	2120	J_3	−4,06	–	–	–	–	FG
Utsch-Kyr	4	1600	Cr_1	−3,48	–	–	–	–	FG
	11	1680	J_3	−3,27	–	–	–	–	K
				Zentrale Gebiete:					
Kaluga	12	900	Archaik.	−4,33	−2,83	7,13*	–	1,71	G

Mittelwert $\delta^{13}C$ für CH_4 + SKW im Teufenbereich < 500 m: −6,38%

Mittelwert $\delta^{13}C$ für CH_4 + SKW im Teufenbereich > 500 m: −4,06%

* Hauptkomponente des Gases ist Stickstoff,
B Erdölbegleitgas,
G gelöstes Gas im Wasser,
FE freies Gas von Erdöllagerstätten,
FG freies Gas von Gaslagerstätten,
K Gas mit Kondensat

Kupfer bei 500 °C, während andere Verunreinigungen durch Kühlfallen beseitigt wurden.

Die Isotopenanalyse wurde mit einem Massenspektrometer MI-1305, das zur Gewährleistung von Präzisionsmessungen umkonstruiert war, durchgeführt. Die Ergebnisse werden als $\delta^{13}C$-Werte (%) angegeben:

$$\delta^{13}C = \frac{(^{13}C/^{12}C)\ \text{Pr.} - (^{13}C/^{12}C)\ \text{St.}}{(^{13}C/^{12}C)\ \text{St.}}\ 100\ (\%),$$

wobei als Bezugsstandard der PDB-Standard ($^{12}C/^{13}C$ = 88,99) verwendet wird. Der mit 95%iger statistischer Sicherheit unter Berücksichtigung eines nichtkorrigierbaren Einflusses des Untergrunds sowie der Nullpunktsschwankungen (GALIMOW u. a. 1965) ermittelte Meßfehler ist nicht größer als ± 0,04%.

Allgemeine Angaben

Die Verteilung der Kohlenstoffisotope in den Gasen, die zu den oberen Geosphären der Erdkruste gehören, sowie die Isotopenzusammensetzung von anderen damit

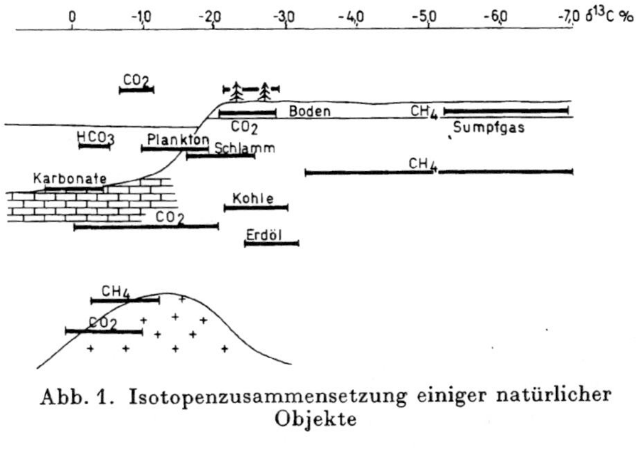

Abb. 1. Isotopenzusammensetzung einiger natürlicher Objekte

in Verbindung stehenden geologischen Objekten sind in Abb. 1 dargestellt.

Das atmosphärische CO_2 mit einem $\delta^{13}C$-Wert von −0,7% (KILLING 1961) steht in ständigem Austausch mit dem als CO_2 und Hydrogenkarbonat gelösten Kohlendioxid der Hydrosphäre sowie den Karbonaten. Der Austausch in diesem System

CO_2 (Atmosphäre) $\rightleftharpoons$ HCO_3^- (Hydrosphäre) $\rightleftharpoons$ CO_3^{2-} (Karbonate)

in Richtung zum Gleichgewichtszustand führt zum Partialdruck des CO_2 in der Atmosphäre und zur Anreicherung des schweren Isotops in den Karbonaten, so daß typische marine Karbonate durchschnittlich um 0,85% an ^{13}C im Vergleich zum atmosphärischen CO_2 angereichert sind (GRINENKO & GALIMOW 1965).

Die Bildung organischer Substanzen aus dem CO_2 der Atmosphäre durch photosynthetisierende Organismen ist mit einer ^{12}C-Anreicherung verbunden. Die mittleren $\delta^{13}C$-Werte betragen für Landpflanzen −2,5% und für Meerespflanzen −1,3%.

Während die aerobe Zersetzung organischer Substanzen CO_2 mit etwa der gleichen Isotopenzusammensetzung wie vom Ausgangsmaterial liefert ($\delta^{13}C$ von CO_2 des Bodens beträgt −2,1 bis −2,75%; GALIMOW 1966a), entstehen bei der anaeroben Zersetzung durch Mikroorganismen gegenüber dem Ausgangskohlenstoff ^{12}C-angereichertes CH_4 ($\delta^{13}C$ von −5,0 bis −8,3%; OANA & DEEVEY 1961; ALEKSEJEW & LEBEDEW 1964) und ^{13}C-reicheres CO_2.

Die Bildung von Erdöl scheint bevorzugt aus der Lipidfraktion der organischen Substanz, die gegenüber Proteinen und Kohlenhydraten an ^{12}C angereichert ist (SILVERMAN & EPSTEIN 1958), zu erfolgen. In Übereinstimmung damit ist eine ^{12}C-Anreicherung in der organischen Substanz rezenter Sedimente mit zunehmendem Diagenesegrad (ECKELMANN u. a. 1962) zu beobachten.

Ergebnisse der Analysen

Isotope Zusammensetzung des Kohlenstoffs von Erdgasen

Die Isotopenzusammensetzung des Gesamtkohlenstoffs von Erdgasen (aus Sedimentgesteinen) ist in Tab. 1 angegeben. Man erkennt im Vergleich zum Kohlenstoff von Erdölen eine Anreicherung des Isotops ^{12}C. Dagegen ist keine Abhängigkeit von der Gaszusammensetzung sowie vom Zustand der Erdgase im Gestein (Erdölgas, trockenes Erdgas, freies und in Wasser gelöstes Erdgas) festzustellen (Tab. 1).

Die einzelnen Komponenten der Erdgase aber unterscheiden sich in ihrer Isotopenzusammensetzung (Tab. 2). Methan ist gegenüber den höheren Kohlenwasserstoffen an ^{12}C angereichert und weist einen breiteren Schwankungsbereich auf als diese. Äthan wiederum enthält mehr ^{12}C als Propan. Das häufig in Erdgasen enthaltene CO_2 ist sowohl im Vergleich zu Methan als auch zu Erdöl an ^{13}C angereichert (Tab. 2).

Wie auch aus den Werten der Tab. 1 hervorgeht, besteht ein Zusammenhang zwischen der Teufe der Erdgaslagerung und der Isotopenzusammensetzung der Kohlenwasserstoffe. Die vorwiegend aus CH_4 bestehenden Erdgase, die in Teufen bis zu 500 m lagern, haben eine durchschnittliche Isotopenzusammensetzung von $\delta^{13}C = -6{,}38\%$ und sind damit um mehr als 2% gegenüber den in größeren Teufen auftretenden Erdgasen an ^{12}C angereichert. Diese Lagerstätten scheinen biochemischen Ursprungs zu sein und entsprechen in jeder Beziehung den von NAKAI (1961) in Japan bzw. von COLOMBO u. a. (1965) in Süditalien und Sizilien beschriebenen Erdgasvorkommen.

Steinkohlengase

Eine bedeutende Menge des Methans in den Sedimentablagerungen steht in Beziehung zu Steinkohlenlagerstätten. Es entsteht bei der Metamorphose der Steinkohlen und befindet sich sowohl in freier Form als auch in adsorbiertem Zustand im Porenraum der Kohlen. Aus den Ergebnissen der Isotopenuntersuchungen solcher Gase (Tab. 3) folgt, daß sich dieses Methan nicht wesentlich vom Methan der Gase aus Erdöl- und Erdgaslagerstätten im gleichen Teufenintervall (500 bis 1000 m, siehe Tab. 5) in bezug auf die Isotopenzusammensetzung unterscheidet.

Isotopenzusammensetzung des Kohlenstoffs von Gasen aus Eruptivgesteinen

Die gemeinsam mit PETERSILJE (1967) von Kohlenwasserstoffgasen aus Eruptivgesteinen der Halbinsel Kola und Grönlands erhaltenen Isotopenanalysen des Kohlenstoffs sind in Tab. 4 zusammengestellt. Von besonderem Interesse sind dabei die Gaseinschlüsse,

Tab. 2. Isotopenzusammensetzung des Kohlenstoffs von Erdgaskomponenten

Ort der Probenahme	$\delta^{13}C$ (%)				
	$\sum_{n=1}^{n=5} C_nH_{2n+2}$	CH_4	C_2H_6	C_3H_8	CO_2
Shetybaj	−4,01	−4,09	−3,28	−3,20	−0,73
Shetybaj	−3,51	−3,87	−3,02	−2,91	−2,16
Shetybaj	−3,79	−3,91	−3,12	–	–
Usen	−4,28	−4,35	–	–	−0,05
Usen	−5,20	−5,26	–	–	−1,67
Markowo	−3,99	−4,12	–	−2,7	–
Akshar	−5,02	−5,76	−2,99	−3,04	−1,46
Akkulowka	−6,20	−6,36	−3,22	−3,17	−0,56

Tab. 3. Isotopenzusammensetzung des Kohlenstoffs im Methan von Steinkohlengasen

Lagerstätten	Charakterisierung des Gases	Geologisches Alter	Teufe des Flözes (m)	$\delta^{13}C$ (%)
Workuta, K-1311	adsorbiertes Gas	Perm	816	−4,27
Workuta, K-1311	freies Fas	Perm	816	−4,35
Workuta, K-1311	adsorbiertes Gas	Perm	817	−4,40
Workuta, K-1311	freies Gas	Perm	817	−4,42
Workuta, K-1324	adsorbiertes Gas	Perm	444	−4,52
Workuta, K-1324	freies Gas	Perm	443	−4,62
Mittelwert				−4,43

Tab. 4. Isotopenzusammensetzung des Kohlenstoffs von Gasen aus Eruptivgesteinen

Lagerstätte	Gestein	$\delta^{13}C$ (%)		Konzentration (%)		
		CH_4	CO_2	CH_4	$\sum_{n=2}^{n=5} C_nH_{2n+2}$	CO_2
Gaseinschlüsse						
Lowosersker Massiv	Foyait	−0,53	–	47,0	2,07	0,07
Grönland, Illimaussak	Nayait	−0,77	–	56,20	9,86	0,0
Chibinsker Massiv	Trachytoider Chibinit	−0,32	–	76,64	3,56	0,0
	Urtit	−1,28	–	61,64	1,85	0,0
	Trachytoider Ijolith	−0,84	–	60,38	1,22	0,0
	Feldspat aus Pegmatit	−1,46	−0,85	89,04	3,54	7,68
	Eudyalit aus Pegmatit	−0,84	+1,06	57,79	8,40	0,26
	Gneis	−0,60	–	60,56	0,43	–
	Trachytoider Chibinit	−1,32	–	92,85	2,85	0,0
Freie Gase:						
Halbinsel Kola	Feldspat-Ijolith-Urtit	−1,18	–	14,54	0,14	–
		−1,93	–	10,64	0,10	–
		−1,81	–	9,41	–	0,0
		−1,63	–	25,55	–	0,0
		−1,91	–	16,63	–	0,0
	Nephelin	−2,78	–	88,03	–	–
	Sandstein im Kontakt mit einer Alkaliintrusion	−3,09	−1,69	49,98	–	9,83

Tab. 5. Isotopenzusammensetzung des Kohlenstoffs von Kohlenwasserstoffen in Abhängigkeit von der Teufe ihrer geologischen Lagerung

Teufenintervall (m)	Nach Daten von ZARTMAN		Nach unseren Daten	
	Anzahl der Proben	Mittelwert $\delta^{13}C$ (%)	Anzahl der Proben	Mittelwert $\delta^{13}C$ (%)
0– 500	2	−4,84	18	−6,38
500–1000	13	−4,29	9	−4,44
1000–1500	7	−4,02	10	−4,08
1500–2000	7	−3,79	7	−3,78
2000–2500	3	−3,52	12	−3,60
>2500	5	−4,25	4	−4,26

weil sie im Vergleich zu den Gasen aus Fumarolen und freien vulkanischen Gasen (CRAIG 1954; HULSTON & McCABE 1962; FERRARA & GONFIANTINI 1965) am wenigsten verändert sind und uns eine Vorstellung über die Isotopenzusammensetzung von juvenilem Kohlenstoff (als unmittelbare Produkte der Entgasung des Mantels) vermitteln. Das Methan dieser Gase ist im Vergleich zu anderen kohlenwasserstoffhaltigen Gasen stark an ^{13}C angereichert (Tab. 4).

Einschätzung der Ergebnisse

Über die Genese der Gase und ihre Isotopenzusammensetzung

Das Methan in den Sedimentgesteinen ist im Vergleich zum Erdöl und den höheren Kohlenwasserstoffen mit dem leichten Isotop ^{12}C angereichert. SILVERMAN (1964) erklärt diese Beobachtung als Ergebnis der Verteilung der Isotope zwischen der gasförmigen und flüssigen Phase bzw. zwischen den verschiedenen Komponenten im Verlaufe der Bildungsprozesse von Erdöl und Erdgas. Experimentelle Untersuchungen zur thermischen Crackung von Kohlenwasserstoffen unterstützen seine Hypothese.

Nach KALINKO (1964) ist die im Methan der Erdkruste gebundene Kohlenstoffmasse ($3 \cdot 10^{12}$ t) wesentlich größer als die im Erdöl enthaltene Kohlenstoffmenge ($0{,}19 \cdot 10^{12}$ t). Aus Gründen der Isotopenbilanz ist es daher verständlich, daß die Verteilung der Isotope im System Erdöl—Erdgas nicht für die ^{12}C-Anreicherung der gesamten Methanmasse verantwortlich gemacht werden kann. Hinzu kommt, daß bei der Bildung von Methan aus Erdöl eine deutliche Abhängigkeit der Isotopenzusammensetzung vom Umwandlungsgrad der Erdöle besteht (SILVERMAN 1964, DOBRJANSKI 1961). Das führt zu der Schlußfolgerung, daß das Methan der Erdgase, auch der Erdölbegleitgase, eine geochemische Geschichte hat, die sich von der des entsprechenden Erdöls unterscheidet.

Ein Teil des Methans jedoch steht in genetischer Beziehung zum Erdöl entsprechend dem allgemeinen System CH_4—C_2H_6—C_3H_8— ..., das durch die Zunahme des ^{13}C-Gehaltes vom Methan über die höheren Kohlenwasserstoffe bis hin zum Erdöl charakterisiert ist. Die Hauptmenge des Methans aber wird durch katalytische Prozesse aus den gewaltigen Mengen organischer Substanzen (etwa $3500 \cdot 10^{12}$ t) gebildet, die in den Sedimentgesteinen dispers verteilt sind. Diese katalytische Methanbildung, die ununterbrochen im Verlauf der geologischen Zeit abläuft, ist mit einem kinetischen Isotopieeffekt verbunden, der zur ^{12}C-Anreicherung im CH_4 führt, weil ^{12}C—^{12}C-Bindungen leichter als ^{13}C—^{12}C-Bindungen aufgespaltet werden. Beim thermischen Kracken von Propan (STEVENSON u. a. 1948) und einer Ölfraktion (SILVERMAN 1964) wurde dieser Isotopieeffekt experimentell nachgewiesen. Ein analoger Mechanismus zur Anreicherung von ^{12}C im Methan findet bei der Metamorphose der Steinkohle und des Erdöls statt.

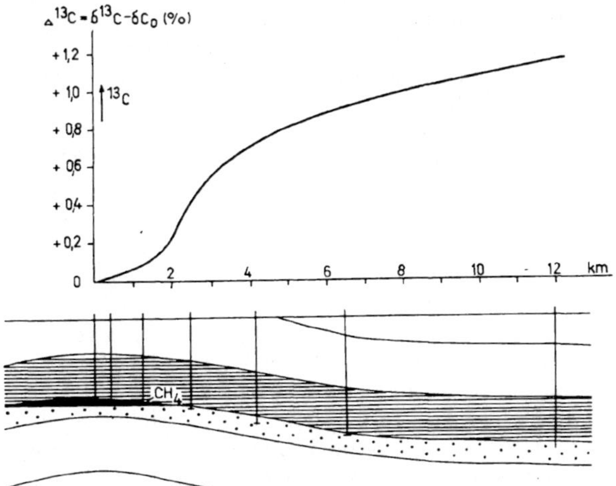

Abb. 2. Veränderung der Kohlenstoffisotopenzusammensetzung des Methans innerhalb der Speicherschicht eines Untergrundspeichers

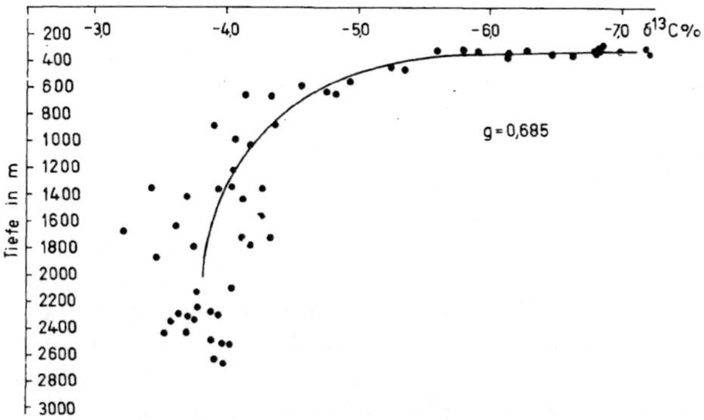

Abb. 3. Abhängigkeit der Isotopenzusammensetzung des Methans von der Tiefe seiner Lagerung

Der große Schwankungsbereich von fast 4% in der Isotopenzusammensetzung des CO_2 (mittlerer $\delta^{13}C = -1{,}06\%$) resultiert aus der Ungleichartigkeit der CO_2-Quellen. Wenn man vom juvenilen CO_2 absieht, entsteht bei der Oxydation und Zersetzung organischer Substanz isotop leichtes CO_2, während aus Karbonaten durch Auslaugungsprozesse sowie thermische Umwandlungen isotop schweres CO_2 gebildet werden kann. Das CO_2 ist daher ein Bindeglied zwischen karbonatischem und organischem Kohlenstoffkreislauf der Lithosphäre. Da sich die relativen Massen des organischen und karbonatischen Kohlenstoffs in den Sedimentgesteinen wie 1:4 verhalten, ergibt sich für den Durchschnittswert der Isotopenzusammensetzung des CO_2 $\delta^{13} = -0{,}6\%$ (wenn für die organische Substanz $\delta^{13}C = -2{,}4\%$ und für die Karbonate $\delta^{13}C = -0{,}05\%$ angenommen wird), der in der Nähe des ermittelten Wertes liegt.

Isotopieeffekt bei der Migration der Erdgase in Gesteinen

Die Isotopenfraktionierung bei der Migration von Gasen in Gesteinen wurde an zwei Untergrundgasspeichern untersucht. Die Vorgänge bei der Filtration des Erdgases innerhalb des Speicherhorizontes, hauptsächlich die Wechselwirkungen zwischen Erdgas und dem Schichtwasser, konnten an dem Untergrundgasspeicher von Kaluga studiert werden. In eine Sandschicht devonischen Alters in einer Teufe von 800 bis

900 m wird im Bereich der Bohrung 37 Erdgas eingepumpt, das sich von hier in Richtung Peripherie des unterirdischen Gasspeichers bewegt. Dabei kommt es zu charakteristischen Veränderungen der Isotopenzusammensetzung des Kohlenstoffs im Methan, wie die in Abb. 2 dargestellten Ergebnisse zeigen.

Mit zunehmender Entfernung vom Zentrum des Speichers kommt es zur Anreicherung von ^{13}C in Methan, das in den Bohrungen 80, 60, 75 und 11 nur als gelöstes Gas vorliegt. Dieser Effekt ist dem entgegengesetzt, der für Diffusion zu erwarten wäre. Eine Erklärung könnte die Anreicherung von ^{13}C darin finden, daß isotopenleichteres Gas eine erhöhte Löslichkeit besitzt (Kinetik des Lösungsprozesses?). Bei der Vorwärtsbewegung des Gases durch die Schicht soll eine bevorzugte Wechselwirkung des isotopenleichten Methans mit dem Wasser erfolgen.

Aus dem Gasspeicher von Kolpino bei Leningrad migriert das Methan infolge von Störungen und Klüften im tonigen Deckgestein in vertikaler Richtung durch eine etwa 800 m starke Gesteinsfolge, ohne daß es dabei zu einer signifikanten Änderung der Isotopenzusammensetzung kommt. Die Anreicherung des Gases an schwerem Isotop bei der Filtration des Gases tritt möglicherweise nur unter nichtstationären Verhältnissen (Kaluga) ein, nicht aber bei stationärer Strömung (Kolpino).

Gesetzmäßige Änderung der Isotopenzusammensetzung des Methans mit der Lagerungsteufe der Sedimentgesteine

Wie Abb. 3 zeigt, besteht zwischen der Lagerungsteufe von Erdgasen und der Isotopenzusammensetzung des Methans eine Abhängigkeit, wonach mit zunehmender Teufe eine Anreicherung von ^{13}C zu beobachten ist (GALIMOW 1966b), eine Tatsache, die früheren Forschern (ZARTMAN u. a. 1961) offenbar entgangen ist. Diese Beziehung gilt auch für Erdgase gleichen geologischen Alters, wie es das in Abb. 4 dargestellte Beispiel der Kohlenwasserstoffgase jurassischer Ablagerungen demonstriert.

Für die Erklärung dieses vertikalen Gradienten der Isotopenzusammensetzung kommen mehrere Möglichkeiten in Betracht:

1. Austauschprozesse,
2. Diffusion und
3. kinetische Isotopieeffekte.

Über das Isotopenaustauschsystem CO_2-CH_4 ist aus thermodynamischen Angaben bekannt, daß CH_4

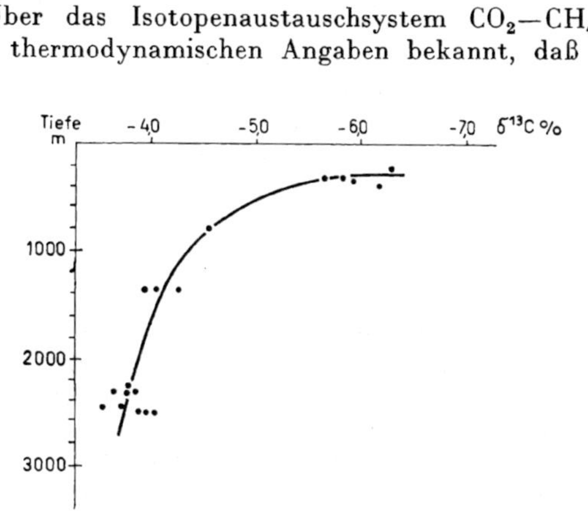

Abb. 4. Abhängigkeit der Isotopenzusammensetzung jurassischer Erdgase von der Tiefe ihrer Lagerung

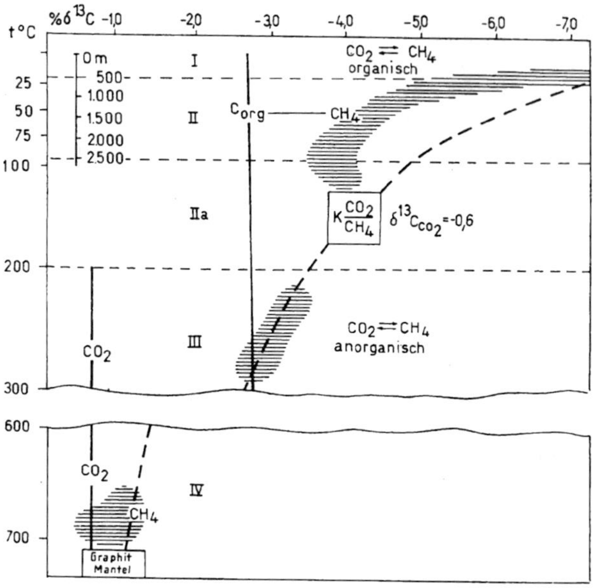

Abb. 5. Zonalität in der Verteilung der Isotope des Kohlenstoffs im Methan in Beziehung zum Wärmefeld der Erde
I – biochemische Zone, II – katalytische Zone, IIa – Übergangszone, III – thermale Zone, IV – Tiefenzone

gegenüber CO_2 an ^{12}C angereichert wird, wobei folgende Temperaturabhängigkeit der Gleichgewichtskonstante besteht:

Temperatur (°C)	0	25	50	75	100	200	300	400	500
$K \frac{CO_2}{CH_4}$	1,070	1,061	1,054	1,048	1,043	1,029	1,021	1,015	1,011

Sie könnte also die teufenabhängige Änderung der Isotopenzusammensetzung erklären. Doch ist die Wirkung des Austauschmechanismus auf die obere Zone der Sedimentgesteine beschränkt, wo diese Reaktion durch Bakterien katalytisch beschleunigt wird und wo entsprechend die $\delta^{13}C$-Werte von CH_4 und CO_2 in Gasen biochemischer Herkunft mit den theoretischen Gleichgewichtskonstanten für niedrige Temperaturen gut übereinstimmen. Beim Fehlen biochemischer Katalysatoren aber ist ein solcher Austausch selbst in geologischer Zeit nicht möglich, wie die $\delta^{13}C$-Werte für CO_2 und CH_4 von Gaseinschlüssen in Eruptivgesteinen beweisen, aus denen Gleichgewichtstemperaturen über 325 °C folgen, obwohl diese Intrusionen schon Hunderte von Millionen Jahren wesentlich niedrigere Temperaturen hatten.

Die Diffusion der Erdgase, die von den Konzentrationsgradienten der Gase und der Durchlässigkeit der Gesteine abhängt, führt ausschließlich zur Zerstreuung der Gaslager und nicht zu ihrer Akkumulation. Deshalb kann man in Richtung des Diffusionsstroms auch keine Gasakkumulationen mit zunehmender Anreicherung des leichten Isotops erwarten. Dementsprechend ist das Vorhandensein von isotopenleichtem Methan in den Gaslagern der oberen Zone der Sedimentgesteine nicht durch Diffusion von Gas aus tiefergelegenen Schichten zu erklären. Der Isotopieeffekt der Diffusion kann sich daher nur in der Anreicherung des schweren Isotops in

Zeitschrift für angewandte Geologie, Bd. 15 (1969), Heft 2

der Gaslagerstätte äußern, aus der das Gas diffundiert. Weil die Diffusionskoeffizienten und Dispersionsgeschwindigkeiten in den oberen Schichten der Sedimentgesteine größer sind als in den unteren Schichten, müßte im oberen Teil der Sedimentgesteine die Anreicherung des schweren Isotops schneller erfolgen. Daraus aber ergäbe sich ein Gradient der Isotopenverteilung, der den experimentellen Daten entgegengesetzt wäre.

Führt man die Isotopenzusammensetzung der Erdgase auf ihre Genese und damit auf kinetische Isotopieeffekte bei der Bildung des Methans aus disperser organischer Substanz zurück, so findet man unter Berücksichtigung der Verringerung des kinetischen Isotopieeffekts bei Erhöhung der Temperatur eine Übereinstimmung zwischen dem Charakter der Isotopenverteilung im Methan mit dem Gradienten des Wärmefeldes der Erde. Weil der kinetische Isotopieeffekt die Bildung des Methans charakterisiert, gibt die Isotopenzusammensetzung nicht die Temperaturbedingung der Lagerung, sondern die Bildungstemperatur an. Wir beobachten aber eine direkte Beziehung zwischen der Isotopenzusammensetzung und der gegenwärtigen Situation, d. h. auch der Temperatur, der Speichergesteine. Dieser Widerspruch kann beseitigt werden, wenn man annimmt, daß das rezente Gasfeld der Erdkruste einschließlich seiner Lagerstätten erst vor kurzem gebildet wurde, d. h., daß die Gase in den Ablagerungen beliebigen geologischen Alters vergleichsweise jung sind und Gaslagerstätten von höherem Alter fast vollständig zerstört sind.

Unterscheidung von Zonen in bezug auf die Isotopenzusammensetzung der Gase der Erdkruste

Unter Berücksichtigung der obenerläuterten Überlegungen und unter Verwendung der Isotopendaten der Erdgase kann man nach dem Charakter der die Verteilung der Isotope bewirkenden Prozesse mehrere Zonen unterscheiden. In Abb. 5, die außerdem die theoretische Kurve für das Isotopenaustauschsystem CO_2/CH_4 enthält, sind diese Zonen dargestellt.

Im Teufenintervall von 0 bis 500 m befindet sich die biochemische Zone, die durch eine starke Anreicherung des Isotops ^{12}C im Methan entsprechend dem Austauschsystem CO_2/CH_4 unter dem katalytischen Einfluß der Bakterien charakterisiert ist. Die ^{13}C-Analysen (gestricheltes Feld) entsprechen weitgehend der theoretischen Kurve. Die mikrobiologischen Prozesse klingen entgegen der Annahme SOKOLOWS (1965) offensichtlich nicht schon bei 50 m ab.

Darunter befindet sich die Zone der katalytischen Erzeugung des Methans, in der die bakterielle Tätigkeit fehlt und die Temperatur für das anorganische Austauschsystem CO_2/CH_4 zu niedrig ist. Der Gradient der Isotopenzusammensetzung der natürlichen Proben entspricht nicht der theoretischen Kurve und resultiert aus der Temperaturabhängigkeit des kinetischen Isotopieeffekts bei der Bildung des Methans aus der organischen Ausgangssubstanz.

Der dritte Bereich ist die Zone des thermalen Metamorphismus und Vulkanismus. Bei Temperaturen oberhalb 200 °C ist die Einstellung des anorganischen Austauschsystems CO_2-CH_4 für die Isotopenverteilung in CO_2 und CH_4 verantwortlich, und die $\delta^{13}C$-Werte des Methans fallen in dieser Zone mit der theoretischen Kurve zusammen. Interessant ist, wie die Angaben der Tab. 5 zeigen, daß bei Teufen unterhalb 2500 m eine Inversion der Abhängigkeit der $\delta^{13}C$-Werte mit zunehmender Teufe erfolgt, was möglicherweise mit dem beginnenden Einfluß des Austauschsystems in diesen Teufen zusammenhängt.

In den tiefsten Schichten der Erdkruste, wo Temperaturen von mehr als 600 °C herrschen, sind die Unterschiede in der Isotopenzusammensetzung der Gase sehr gering. Wenn auch solche Gase im ursprünglichen Zustand nicht zugänglich sind, vermitteln uns aber die Gase aus Gaseinschlüssen von Intrusionen, die sich in oberen Schichten der Sedimentgesteine befinden, die ursprüngliche Isotopenzusammensetzung (GALIMOW 1967). Als Kohlenstoffquelle für diese Gase kommt der Graphit des Erdmantels in Betracht, dessen Isotopenzusammensetzung diesen Gasen entspricht. Beim Eindringen der freien Tiefengase in höhere Schichten ändert sich entsprechend dem Austauschsystem CO_2-CH_4 die Isotopenzusammensetzung von CO_2 und CH_4. Praktisch aber ändert sich nur die Isotopenzusammensetzung des CH_4, weil der überwiegende Teil der Gase aus CO_2 besteht. In der Zone des thermalen Metamorphismus kommt es zusätzlich zur Bildung von Methan durch thermokatalytische Zersetzung organischer Substanz, dessen ursprüngliche Isotopenverteilung unter Wirkung des Austauschsystems CO_2-CH_4 den örtlichen Temperaturverhältnissen und Konzentrationen der einzelnen Komponenten angepaßt wird. Der thermale Gürtel der Erde ist folglich ein Gebiet der Homogenisierung der Isotopenzusammensetzung der Gase, die unabhängig von der Entstehung auf dem Wege des sekundären Austausches CO_2-CH_4 erreicht wird.

Literatur

ALEKSEJEW, F. A., & W. S. LEBEDEW: Isotopenzusammensetzung des Kohlenstoffs von Erdöl und Gas. – Geol. Nefti i Gasa, 7 (1964).

COLOMBO, U., F. GAZZARRINI, R. GONFIANTINI, G. SIRONI & E. TONGIORGI: Isotopic measurements of $^{13}C/^{12}C$ ratio on Italian natural Gases and their geochemical interpretation. – Nature, v. 205, 1303–1304 (1965).

CRAIG, H.: Geochemie der stabilen Isotope des Kohlenstoffs. In: Sammelbd.: Isotope in der Geologie. – Moskau 1954.

DOBRJANSKIJ, A. F.: Erdölchemie. – Gostoptechisdat, Leningrad 1961.

ECKELMANN, W. R., W. S. BROECKER, D. W. WHITLOCK & S. R. ALLSUP: Implication of carbon isotopic composition of total organic carbon of some recent oils. – Bull. Amer. Ass. Petrol. Geol., v. 46, 5, 699–704 (1962).

FERRARA, G., & R. GONFIANTINI: Isotopic composition of carbon from Larderello (Tuscani) steam jets. – Trans. Amer. Geophys. Union, v. 46, 1, 170 (1965).

GALIMOW, E. M.: Isotope des Kohlenstoffs in der Geologie. – Vortr. auf dem Allunionssymposium über stabile Isotope, Moskau, Dezember 1966 [1966a].

– Die Isotopenzusammensetzung des Kohlenstoffs von Boden-CO_2. – Geochimija, 9 (1966) [1966b].

– Evolution des Kohlenstoffs der Erde. – Geochimija, 5 (1967).

GALIMOW, E. M., W. A. GRINENKO & W. I. USTINOW: Zur Frage der Analyse von Instrumentalfehlern bei der Präzisionsbestimmung der Isotopenzusammensetzung von Elementen. – J. analyt. Chim. (UdSSR), 5, 547–553 (1965).

GALIMOW, E. M., & I. A. PETERSILJE: Isotopenzusammensetzung des Kohlenstoffs von Kohlenwasserstoffgasen und CO_2 in alkalischen Eruptivgesteinen des Chibinsker, Lovosersker und Illimaussaker Massivs. – Dokl. Akad. Nauk SSSR, Ser. Geologie, 176, 4 (1967).

GRINENKO, W. A., & E. M. GALIMOW: Geochemie der stabilen Isotope des Kohlenstoffs in der Verwitterungskruste von Kalksteinen. In Sammelbd.: Probleme der Geochemie. – Verl. Nauka, Moskau 1965.

HULSTON, J. R., & W. J. MCCABE: Mass spectrometric measurements in the thermal areas of New Zealand. P. II: Carbon isotopic ratios. – Geochim. Cosmochim. Acta, v. 26, 383–410 (1962).

KALINKO, M. K.: Grundlegende Gesetzmäßigkeiten der Verteilung von Erdöl und Erdgas in der Erdkruste. – Verl. Nedra, Moskau 1964.

KILLING, CH. D.: The concentration and isotopic abundances of carbon dioxide in rural and marine air. – Geochim. et Cosmochim. Acta, v. 46, 3/4, 277–299 (1961).

NAKAI, N.: Geochemical studies on the formation of natural gases. – J. Earth Sciences, Nagoya Univ., v. 9, 59 (1961).

OANA, S., & E. S. DEEVEY: Carbon-13 in lake waters, and its possible bearing on palaeolimnology. – Amer. Journ. of Science, v. 258 A, 253 bis 272 (1961).

ROSENFELD, W. D., & S. R. SILVERMAN: Carbon isotope fractionation in bacterial production of methane. – Science, v. 130, 1658–1659 (1959).

SILVERMAN, S. R.: Investigation of petroleum origin and evolution mechanism by carbon isotope studies. – Isotopic and Cosmic Chemistry, 92–102 (1964).

SILVERMAN, S. R., & S. EPSTEIN: Carbon isotopic composition of petroleum and other sedimentary organic materials. – Bull. Amer. Ass. Petrol. Geol., v. 42, 998–1012 (1958).

STEVENSON, D. R., C. D. WAGNER, O. BEECK & J. W. OTWOS: Isotope effect in the thermal cracking of propane-1-^{13}C. – J. Chem. Phys., v. 16, 10, 993–994 (1948).

WINOGRADOW, A. P.: Das Erdgasregime der Erdkruste. In Sammelbd.: Chemie der Erdkruste. – Verl. Nauka, 5–11 (1964).

ZARTMAN, R. E., G. J. WASSERBURG & J. U. REYNOLDS: Helium, argon and carbon in some natural gases. – J. Geophys. Res., v. 66, 277 (1961).

Einschätzung der Erdölvorräte in klüftig-kavernösen Speichern mittels der Methode der elastischen Materialbilanz

W. M. DOBRYNIN, UdSSR

Die Berechnung von Erdölvorräten in klüftig-kavernösen Speichern ist im allgemeinen mit großen Schwierigkeiten, die mit der Kompliziertheit der Bestimmung der effektiven Mächtigkeit und des Porositätskoeffizienten der Speicher zusammenhängen, verbunden. Im nachfolgenden wird eine Näherungsmethode für die Einschätzung von Erdölvorräten in klüftig-kavernösen Speichern nach Förderangaben unter Verwendung der elastischen Charakteristik der Schicht dargelegt, die die Notwendigkeit, die Porosität und die effektive Mächtigkeit des Speichers zu bestimmen, ausschließt. In der Arbeit von W. N. MAJDEBOR (1967 a) ist diese Methode unserer Ansicht nach treffend als Methode der elastischen Materialbilanz bezeichnet worden.

Ihr Wesen in der hier verwendeten Variante wurde für terrigene Speicher vom Verf. (1964, 1965) eingehend dargelegt. Deshalb geben wir, ohne alle Zwischenberechnungen auszuführen, eine der Endgleichungen wieder:

$$\sum ö = \frac{1}{\alpha_1} \cdot \frac{\gamma ö}{U_0} \cdot \lim_{\Delta 1 p \to 0} \frac{Q_{Sö} U_ö + Q_{SW}}{\Delta 1 p}, \tag{1}$$

wobei zur Abkürzung der Schreibweise der Ausdruck[1])

$$\alpha_1 = \beta_ö + \frac{1 - k_ö}{k_ö} \beta_W + \frac{1}{k_ö} \beta_{P.Sch.} \tag{2}$$

verwendet wird.

In den Gleichungen (1) und (2) wurden folgende Ausdrücke verwendet:

$\Sigma_ö$ — geologische Vorräte von Erdöl unter Standardbedingungen in t;

$Q_{Sö}$ — kumulative Erdölfördermenge zum betreffenden Zeitpunkt unter Standardbedingungen in m^3;

Q_{SW} — kumulative Wasserförderung zum betreffenden Zeitpunkt in m^3;

U_0 und $U_ö$ — initialer und laufender Volumenkoeffizient des Erdöls;

$\gamma_ö$ — Dichte des Erdöls unter Standardbedingungen in t/m^3, zahlenmäßig gleich der relativen Erdöldichte (in bezug auf Wasser);

$\beta_ö$ und β_W — Kompressibilitätskoeffizienten von Erdöl und Wasser unter Schichtbedingungen in cm^2/kg;

$\beta_{P.Sch.}$ — $-\frac{V_P}{1} \frac{dV_P}{dP}$ = Kompressibilitätskoeffizient der Speicherporen unter Schichtbedingungen in cm^2/kg (V_P = Porenvolumen des Speichers);

Δp — mittlerer Schichtdruckabfall innerhalb der Kontur der Erdölführung, berechnet für einen bestimmten Zeitpunkt (Datum), in kg/cm^2;

$k_ö$ — Erdölsättigungskoeffizient der offenen Speicherporen in Volumenanteilen dieser Poren.

Bei Anwendung dieser Methode wird nach Förderangaben die Kurve für die Werte

$$\frac{\gamma ö}{U_0} \frac{Q_{Sö} U_S + Q_{SW}}{\Delta 1 p}$$

in Abhängigkeit vom Druckabfall $\Delta 1 p$ innerhalb der Lagerkontur aufgetragen.

Der im Punkt $\Delta 1 p = 0$ graphisch oder analytisch bestimmte Grenzwert der Größe $\frac{\gamma ö}{U_0} \cdot \frac{Q_{Sö} U_ö + Q_{SW}}{\Delta 1 p}$ ist unabhängig vom Einfluß des Flutens der Schicht und in Übereinstimmung mit der Gleichung (1) gleich dem Produkt $\sum \cdot \alpha_1$. Die Ermittlung der geologischen Erdölvorräte kann im weiteren vorgenommen werden, wenn der Wert α_1, der die elastischen Eigenschaften der Schicht im ganzen bestimmt, bekannt ist.

Bei der Untersuchung klüftig-kavernöser Speicher treten die größten Schwierigkeiten bei der Bestimmung des Wertes $\beta_{P.Sch.}$ auf. Da dieser Wert durch Bohrkerne aus klüftig-kavernösen Gesteinen nicht repräsentiert wird, stößt seine experimentelle Bestimmung auf große Schwierigkeiten. Die Bestimmung des $\beta_{P.Sch.}$-Wertes nach Förderdaten mit Hilfe des Elastizitätskoeffizienten der Schicht (1) erfordert die Kenntnis des effektiven Lagervolumens und des ölgesättigten Porenvolumens, was faktisch der Benutzung der Volumenmethode zur Berechnung von Vorräten äquivalent ist.

Die Aufgabe kann näherungsweise gelöst werden, wenn, ausgehend von einem bestimmten Modell klüftig-kavernöser Speicher, der niedrigste aller möglichen Werte des Koeffizienten der Porenkompressibilität ge-

Aus: „Geologija nefti i gasa", 1968, H. 5, S. 50–56.

Übers.: W. TOBIAS, Berlin.

[1]) Bei Verringerung des Schichtdrucks um 10 bis 12% vom Ausgangswert kann man die Werte $\beta_ö$, β_W sowie $\beta_{P.Sch.}$ und infolgedessen auch α_1 mit hinreichender Genauigkeit, wenn der Schichtdruck höher als der Sättigungsdruck ist, als konstant, d. h. unabhängig vom Druck, ansehen. In bezug auf α_1 ist dieses um so mehr gerechtfertigt, als die Veränderungen von $\beta_ö$ und $\beta_{P.Sch.}$ sich bei Verringerung des Drucks in gewissem Maße gegenseitig kompensieren. Diese Annahme ist natürlich nicht zulässig, wenn der Schichtdruck niedriger ist als der Sättigungsdruck.

funden wird. Dann erhalten wir eine Vorstellung über die maximal möglichen Erdölvorräte im betreffenden Lager.

Indem wir W. N. MAJDEBOR (1967) folgen, stellen wir uns vor, daß klüftig-kavernöse Speicher aus Gesteinsblöcken (Matrix) mit darin „eingeschlossenem" unbeweglichem Wasser sowie einem relativ regelmäßigen System von Klüften und sekundären Hohlräumen (Kavernen) bestehen. Letztere sind in den Blöcken an die Klüfte gebunden oder durchsetzen diese auch, bilden also gewissermaßen lokale Klufterweiterungen. Diese sekundären Hohlräume haben vorzugsweise eine isometrische Form, die bei andauernder Einwirkung von Belastung am stabilsten ist. Das Schema eines solchen Speichers ist in Abb. 1 dargestellt. Das Erdöl und das bewegliche Schichtwasser füllen in einem solchen Speicher die sekundären Hohlräume und Klüfte, während in der Matrix das gebundene und bei Verdichtung des Gesteins eingeschlossene unbewegliche Schichtwasser enthalten ist. Bei der Entnahme von Flüssigkeit, d. h. bei Abfall des Schichtdrucks, deformiert sich eine solche Schicht. Der Elastizitätswert dieser Deformationen wird durch den Kompressibilitätskoeffizienten der Poren unter Schichtbedingungen bestimmt (DOBRYNIN 1968):

$$\beta_{\text{P.Sch.}} = \beta_p \left(1 - \frac{d\sigma}{dp}\right) - \beta_M \tag{3}$$

Dabei sind:

β_p — $-\frac{1}{V_p}\left[\frac{\partial V_p}{\partial(\sigma - p)}\right]$ = Kompressibilitätskoeffizient der offenen Poren bei konstantem Flüssigkeitsdruck in den Gesteinsporen;

β_M — $-\frac{1}{V_M}\left(\frac{\partial V_M}{\partial p}\right)_{\sigma - p}$ = Kompressibilitätszahl der Matrix (V_M = Matrixvolumen);

$\frac{d\sigma}{dp}$ — Veränderung der mittleren Normalspannung (σ) in der Schicht bei Veränderung des Schichtdrucks (p).

Der Wert $\frac{d\sigma}{dp}$ hängt von den elastischen Eigenschaften der Schicht, ihrer Geometrie sowie der tektonischen Beanspruchung ab, deren Berücksichtigung in jedem konkreten Fall schwer möglich sein dürfte. Zieht man jedoch in Betracht, daß in der Mehrzahl der Fälle die Ausdehnung der Erdöllager ihre Mächtigkeit um ein Vielfaches übertrifft, so ist zur Beschreibung der Deformationsbedingungen die horizontale Schicht ein ausreichend gutes Modell. In Abb. 2 ist eine Darstellung wiedergegeben, aus der der Wert

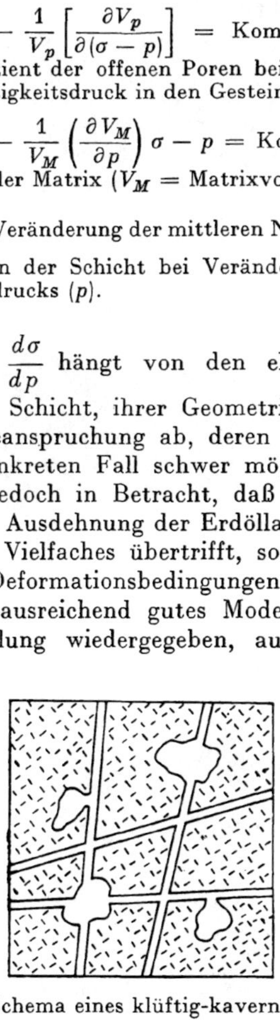

Abb. 1. Schema eines klüftig-kavernösen Speichers

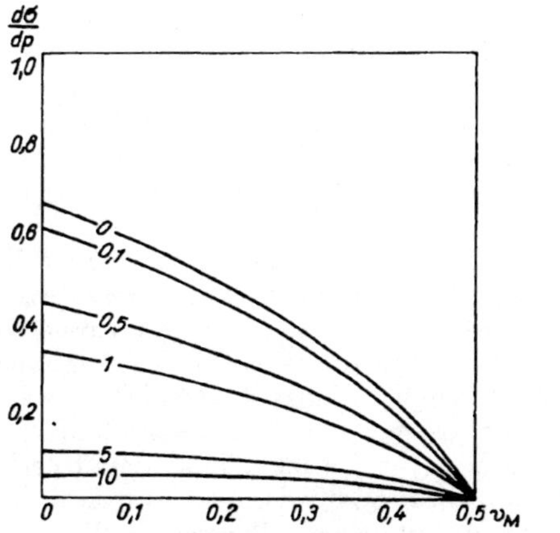

Abb. 2. Veränderung des Wertes $\frac{d\sigma}{dp}$ in Abhängigkeit vom POISSON-Koeffizienten, dem Kompressibililitätskoeffizienten und der Porosität der Schicht

Modul der Kurven $\frac{\beta M}{k_p \beta_p}$ (k_p = Koeffizient der offenen Porosität des Speichers)

$\frac{d\sigma}{dp}$ unter Berücksichtigung der elastischen Eigenschaften und der Speicherporositäten eingeschätzt werden kann (DOBRYNIN 1968).

Den Kompressibilitätskoeffizienten der offenen Poren β_p stellen wir uns als über das Volumen der offenen Poren gewogenes Mittel der Werte der Kompressibilitätskoeffizienten der Sekundärhohlräume (Kavernen) und Klüfte vor:

$$\beta_p = \frac{V_p^{\text{S.H.}}}{V_p} \beta_p^{\text{S.H.}} + \frac{V_p^{\text{kl.}}}{V_p} \beta_p^{\text{kl.}} \tag{4}$$

Dabei sind:

V_p — Volumen der offenen Poren des Speichers in seiner natürlichen Lage, gleich der Summe der Volumina von Sekundärhohlräumen und Klüften $V_p = V_p^{\text{S.H.}} + V_p^{\text{kl.}}$;

$\beta_p^{\text{S.H}}$ und $\beta_p^{\text{kl.}}$ — dementsprechend die Kompressibilitätskoeffizienten der Sekundärhohlräume und Klüfte.

Die Einschätzung der Kompressibilität von sekundären Hohlräumen isometrischer Form kann mit Hilfe der Theorie von HASHIN (1962) vorgenommen werden. Sie wurde zur Bestimmung der Kompressibilität einer elastischen Matrix ausgearbeitet, die in geringer Anzahl kugelförmige Hohlräume hat. Hierbei müssen wir natürlich voraussetzen, daß das Vorhandensein von Klüften in erster Annäherung keinen bedeutenden Einfluß auf die Kompressibilität kugelförmiger Hohlräume hat. Unter diesem Vorbehalt schätzen wir die untere Kompressibilitätsgrenze der sekundären Hohlräume ein. Durch Umformung der Gleichung von HASHIN erhalten wir:

$$\beta_p^{\text{S.H.}} \approx \frac{3}{2} \cdot \frac{(1 - \nu_M)}{(1 - 2\nu_M)} \beta_M \tag{5}$$

Dabei ist:

ν_M = POISSONsche Zahl der Matrix des elastischen Körpers.

Wenn man voraussetzt, daß ν_M unter Schichtbedingungen für Kalkstein zwischen $^1/_5$ bis $^1/_3$ schwanken kann, so finden wir aus der Formel (5) $\beta_p^{\text{S.H.}} \approx (2 \div 3)\beta_M$.

Zu einer analogen Einschätzung kommen wir auch, wenn wir das Modell von DEWEY (1947) verwenden. Diese Aussage zeigt uns, daß sich die Kompressibilität der sekundären Hohlräume nicht so erheblich von der Kompressibilität der Matrix des Speichers unterscheidet und in erster Annäherung nicht vom wirkenden Druck abhängt. Die Matrix des klüftig-kavernösen Speichers mit dem in ihren Poren unbeweglich eingeschlossenen Wasser stellt an sich ein verdichtetes Karbonatgestein mit im allgemeinen niedriger Gesamtporosität dar. Wegen des hohen Verdichtungsgrades haben die Poren der Matrix die stabilste, vorzugsweise isometrische, Form. Der Kompressibilitätskoeffizient der Matrix hängt in Übereinstimmung mit der Theorie von HASHIN nicht vom wirkenden Druck ab und liegt für Gesteine mit einer allgemeinen Porosität von 4,5% im Mittel nur um 10% höher als der Kompressibilitätskoeffizient der Mineralkörner, die das Matrixskelett (die feste Gesteinsphase) bilden. Da für karbonatische Gesteine der Kompressibilitätskoeffizient der festen Phase nach den Angaben einer Reihe von Autoren zu $\beta_{\text{f.Ph.}} = 0{,}025 \cdot 10^{-4}$ cm²/kg angenommen werden kann, ist der Kompressibilitätskoeffizient der Matrix

$$\beta_M \approx 1{,}1 \cdot 0{,}025 \cdot 10^{-4} = 0{,}0275 \cdot 10^{-4}\ \text{cm}^2/\text{kg}.$$

Dabei ist zu berücksichtigen, daß die Matrix in ihrer natürlichen Lagerung hydraulisch isolierte Poren enthält, in denen sich der Druck dem geostatischen annähern kann. Beim Ausbringen eines solchen Gesteins an die Tagesoberfläche verringert sich die Spannung im Skelett stark, wodurch sich diese Poren unter dem in ihnen wirkenden Flüssigkeitsdruck öffnen. Hierdurch verändern sich die physikalischen Gesteinseigenschaften, insbesondere nimmt seine Kompressibilität bedeutend zu. Diese Tatsache stellt eines der Haupthindernisse dar, die nicht gestatten, die Kompressibilität klüftig-kavernöser Speicher im Laboratorium zuverlässig zu untersuchen.

Betrachten wir die Kompressibilität der Klüfte. Klüfte kann man sich in Form zweier Oberflächen vorstellen, deren Unebenheiten ein Schließen verhindert. Unter Berücksichtigung der Relaxation der Tangentialspannungen im Gestein während geologischer Zeiträume erscheint das Vorhandensein klaffender Spalten über große Erstreckung in der Schicht hin wenig wahrscheinlich; dies um so weniger hinsichtlich der sehr geringen Öffnung von Klüften in karbonatischen Gesteinen, die nach den Angaben geologischer Untersuchungen (ROMM 1966) im Mittel zwischen 10 und 40 μ schwankt. In Abb. 3 sind zwei mögliche Modelle stabiler Klüfte von unbegrenzter Ausdehnung mit halbkugelförmigen Ausbuchtungen, die ihr Schließen verhindern, dargestellt. Die Bestimmung des Kompressibilitätskoeffizienten solcher Klüfte wurde theoretisch mittels der Modelle von W. N. SCHTSCHELKATSCHEW (1948) (Abb. 3a) und H. A. BRANDT (1955) (Abb. 3b) vorgenommen:

a) für eine Elementarkluft, wie sie auf Abb. 3a dargestellt ist:

$$\beta_p^{\text{kl.}} \approx 1{,}4 \left[\frac{(1 - \nu^2_{\text{Ausb.}})}{(1 - 2\nu_{\text{Ausb.}})}\, \beta_{\text{Ausb.}}\right]^{2/3} (\sigma - p)^{-1/3} \qquad (6\text{a})$$

b) für eine Elementarkluft, wie sie auf Abb. 3b dargestellt ist:

$$\beta_p^{\text{kl.}} \approx 1{,}05 \left[\frac{(1 - \nu^2_{\text{Ausb.}})}{(1 - 2\nu_{\text{Ausb.}})}\right]^{2/3} (\sigma - p)^{-1/3} \qquad (6\text{b})$$

Dabei sind:

- $\nu_{\text{Ausb.}}$ — POISSONsche Zahl der Teilchen, Ausbuchtungen, die das Schließen der Kluft verhindern;
- $\beta_{\text{Ausb.}}$ — Kompressibilitätskoeffizient dieser Teilchen;
- $(\sigma - p)$ — Differenz zwischen der mittleren Normalspannung, die auf die Kluft wirkt, und dem Flüssigkeitsdruck in der Kluft — die Effektivspannung bedeuten.

In Abb. 4 wird die Abhängigkeit der Kompressibilitätszahl von Elementarklüften $\beta_p^{\text{kl.}}$ vom effektiven Druck $(\sigma - o)$, die nach den Gleichungen (6) berechnet wurde, für den Fall dargestellt, daß $\nu_{\text{Ausb.}} = 1/5$ und $1/3$ und $\beta_{\text{Ausb.}} = 0{,}025 \cdot 10^{-4}$ cm/kg sind.

Theoretisch kann man zeigen, daß bei allseitigem Druck der Kompressibilitätskoeffizient einer Elementarkluft zahlenmäßig gleich dem Kompressibilitätskoeffizienten eines Systems einheitlicher Klüfte im geklüfteten Gestein ist, unabhängig von der Zahl der Kluftrichtungen.

Die mit Hilfe der Darstellung in Abb. 4 gefundenen Kompressibilitätskoeffizienten von Klüften charakterisieren nur die elastischen Deformationen, die bei Veränderung der Belastung nicht zu einer Gesteinszerstörung an den Kontakten führen. Unter den Bedingungen des Abbaus von Kluftspeichern ist die Möglichkeit einer Kontaktzerstörung nicht ausgeschlossen. Die irreversible Deformation der Klüfte im Fall der Gesteinszerstörung an den Kontakten kann zu einer bedeutenden Erhöhung der Kompressibilitätskoeffizienten führen. Auf diese Weise charakterisieren die betrachteten Modelle der stabilsten Klüfte nur die elastische Deformation und stellen die unterste Grenze des Kompressibilitätskoeffizienten realer Klüfte dar. Gegenwärtig können

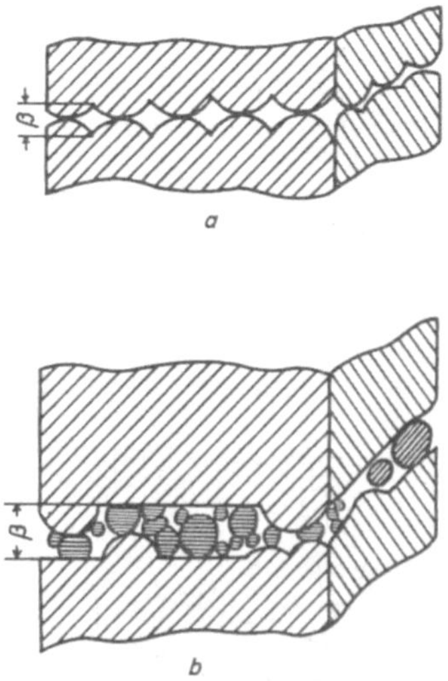

Abb. 3. Schema von Elementarklüften

a = Das Schließen der Kluft verhindern einheitliche, halbkugelförmige Ausbuchtungen, die nach dem Gesetz der kubischen Packung angeordnet sind. b = Das Schließen der Kluft verhindern halbkugelförmige Ausbuchtungen unterschiedlichen Durchmessers, die chaotisch angeordnet sind, und sphärische Gesteinskörner, die den Klufthohlraum füllen

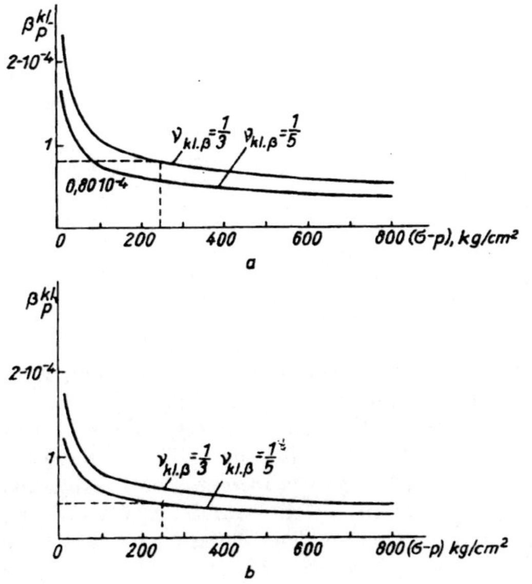

Abb. 4. Veränderung des Kompressibilitätskoeffizienten von Elementarklüften $\beta_p^{kl.}$ in Abhängigkeit von der effektiven Spannung $(\sigma - p)$

Modul der Kurven – POISSON-Koeffizient der festen Teilchen, die das Schließen der Klüfte verhindern: a = für Kluftmodelle mit gleichmäßiger Verteilung sphärischer Ausbuchtungen (Abb. 3a); b = für Kluftmodelle mit chaotischer Verteilung sphärischer Ausbuchtungen (Abb. 3b)

wir die Rolle irreversibler Deformationen in realen Speichern nicht einschätzen; deshalb verwenden wir den minimalen Wert der Kompressibilität, um die maximal mögliche Größe geologischer Vorräte einzuschätzen.

Zur Berechnung der minimalen Kompressibilität aller offenen Sekundärporen in einem klüftig-kavernösen Gestein muß man außer der Kompressibilität der Klüfte und der Sekundärhohlräume gemäß Gleichung (4) das Verhältnis der Volumina sekundärer Poren $\frac{V_p^{kl.}}{V_p}$ oder $\frac{V_p^{S.H.}}{V_p}$ kennen. Die Bestimmung dieser Verhältnisse ist schwierig. Einige theoretische und experimentelle Ergebnisse zu dieser Frage werden in den Arbeiten von MAJDEBOR (1967 u. 1965) dargelegt. Wenn genaue Verhältniswerte nicht bekannt sind, kann man die angegebene Berechnungsmethode für Erdölvorräte zur Einschätzung der Unter- und Obergrenzen maximaler Vorratswerte verwenden. Weil $\beta_p^{kl.} \gg \beta_p^{S.H.}$, erhält man die Obergrenze der maximalen Vorräte, wenn in der Gleichung (4) $V_p^{kl.} = 0$ angenommen wird. Dann wird $\beta_p = \beta_p^{S.H.}$; oder man kann in Übereinstimmung mit der Gleichung (3) annehmen, daß für rein kavernöse Speicher $\beta_{P.Sch.} \approx \beta_M \approx 0$, weil $\beta_p^{S.H.} \approx 2 \div 3)\ \beta_M$ ist. In diesem Fall erhalten wir in Übereinstimmung mit der Gleichung (2) den niedrigsten Wert des Koeffizienten α_1 zu:

$$(\alpha_1)_{\min,\,\min} = \beta_ö + \frac{(1 - K_ö)}{K_ö}\,\beta_W. \qquad (7)$$

Die untere Grenze der maximalen Vorräte wird für den Fall des reinen Kluftspeichers bei $V_p^{S.H.} = 0$ erhalten. Hierbei wird bereits ein höherer Wert des Koeffizienten α_1 beobachtet:

$$(\alpha_1)_{\min} = \beta_ö + \frac{(1 - K_ö)}{K_ö}\,\beta_W + \frac{1}{K_ö}\left[\beta_p^{kl.} \times \left(1 - \frac{d\sigma}{dp}\right) - \beta_M\right]. \qquad (8)$$

Wir führen als konkretes Beispiel die Berechnung der Erdölvorräte nach der obenbetrachteten Methode für eines der Oberkreidelager der Malgobek—Wosnesensker Ebene an, das einen karbonatischen klüftig-kavernösen Speicher hat. Der Schichtdruck im Lager ist höher als der Sättigungsdruck. Die Fördererergebnisse aus diesem Lager werden in der Tabelle und auf Abb. 5 dargestellt. In den Berechnungen wird verwendet:

$$\beta_ö = 2{,}2 \cdot 10^{-4}\ \mathrm{cm^2/kp};$$

$$\beta_W = 0{,}44 \cdot 10^{-4}\ \mathrm{cm^2/kp}; \qquad U_0 = U_ö = 1{,}6;$$

$$\gamma_ö = 0{,}84;\ K_ö = 0{,}9; \qquad (\sigma - p) = 245\ \mathrm{kp/cm^2}.$$

Wie aus Abb. 5 ersichtlich, ist die Abhängigkeit bei einem Druckabfall bis $\Delta 1 p = 30\ \mathrm{kp/cm^2}$ nahezu geradlinig und spiegelt in der Hauptsache die Erdölförderung infolge der elastischen Energie der Schicht wider. Eine Ausnahme bildet nur der erste Punkt, wo der mittlere Abfall des Schichtdrucks im Lager per 1. 1. 1960 lediglich in den beiden ersten Bohrungen bestimmt wurde. Diesen Punkt haben wir nicht berücksichtigt. Durch Extrapolation der Abhängigkeit haben wir im Punkt $\Delta 1 p = 0$

$$\frac{\gamma_ö}{U_0} \lim_{\Delta 1p \to 0} \frac{Q_{Sö} U_ö + Q_{SW}}{\Delta 1 p} = \sum\nolimits_ö \cdot \alpha_1 = 0{,}05 \times 10^6\ t \cdot \mathrm{cm^2/kp}.$$

Aus den Ausgangsdaten bestimmen wir entsprechend Formel (2)

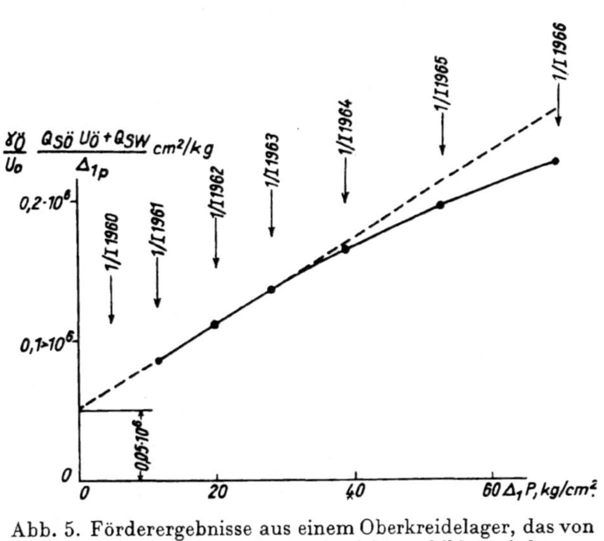

Abb. 5. Fördererergebnisse aus einem Oberkreidelager, das von einem klüftig-kavernösen Speicher gebildet wird

Zeitschrift für angewandte Geologie, Bd. 15 (1969), Heft 2

Tabelle: Fördererergebnisse aus dem Oberkreidelager Malgobek—Wosnesensk

Zeitpunkt	Schichtdruck p kg/cm²	$\Delta\, 1p$	kumulative Erdölförderung		kumulative Wasserförderung		$U_ö \cdot Q_{Sö}$ $\times 10^{-6}$ m³	$Q_{Sö}U_ö + Q_{SW}$ $\times 10^{-6}$ m³	$\frac{\nu_ö(Q_{Sö} \cdot U_ö + Q_{SW}) \cdot 10^{-6}\, t \cdot cm^2/kg}{U_0\, \Delta\, 1p}$
			$P_{Sö} \cdot 10^{-6}$ t	$Q_{Sö} \cdot 10^{-6}$ t ($\nu_ö = 0{,}84$) m³	$P_{SW} \cdot 10^{-6}$ t	$Q_{SW} \cdot 10^{-6}$ t ($\nu_W = 1{,}18$) m³			
IV 1959	475,0	0	0	0	0	0	0	0	0,050 (Extrapolation)
I/I 1960	470,5	4,5	0,1227	0,146	0,0005	0,0004	0,234	0,23	0,0268
I/I 1961	463,5	11,5	1,009	1,190	0,0018	0,0015	1,90	1,90	0,0865
I/I 1962	455,0	20,0	2,192	2,61	0,0042	0,0035	4,18	4,18	0,110
I/I 1963	447,0	28,0	3,804	4,52	0,0252	0,0214	7,24	7,26	0,136
I/I 1964	436,5	38,5	6,180	7,36	0,115	0,097	11,80	11,90	0,162
I/I 1965	422,1	52,9	10,076	12,0	0,228	0,193	19,2	19,4	0,193
I/I 1966	405,3	69,7	15,393	18,45	0,376	0,320	29,5	29,8	0,224

$(\alpha_1)_{min}$ bei $\beta_{P.Sch.} \approx 0$:

$$\alpha_1 = 2{,}2 \cdot 10^{-4} + \frac{0{,}1}{0{,}9} \cdot 0{,}44 \cdot 10^{-4} = 2{,}25 \cdot 10^{-4}\, cm^2/kp.$$

Dann ist die oberste Grenze der maximalen Vorräte:

$$(\sum ö)_{max,\, max} = \frac{\sum ö\, \alpha^1}{(\alpha_1)_{min,\, min}} = \frac{0{,}05}{2{,}25} \cdot \frac{10^6}{10^{-4}} = 220 \cdot 10^6\, t.$$

Für $(\sigma - p) = 245$ kp/cm² schwankt der Kompressibilitätskoeffizient der Klüfte für die beiden betrachteten Schichtmodelle (bei $\nu_{Ausb.} = {}^1/_5$ bis ${}^1/_3$) von $0{,}40 \cdot 10^{-4}$ bis $0{,}80 \cdot 10^{-4}$ cm²/kp. Nehmen wir für die Berechnung als mittleren Wert $\beta_p^{kl.} = 0{,}6 \cdot 10^{-4}$ cm²/kp an, so ist bei $V_p^{S.H.} = 0$, $\beta_p = \beta_p^{kl.} = 0{,}6 \cdot 10^{-4}$ cm²/kp.

Zur Bestimmung des Wertes $\frac{d\sigma}{dp}$ aus der Abb. 2 nehmen wir an, daß die offene Porosität des Speichers (Werte in Teilen von 1) Werte von 0,01 bis 0,02 haben kann, die POISSONsche Zahl des von Klüften durchsetzten Lagers $\nu = 0{,}2$ und $\beta_M = 0{,}03 \cdot 10^{-4}$ cm²/kp (entsprechend der vorhergehenden Einschätzung für die Matrix mit einer Gesamtporosität von 4,5%) beträgt. Dann liegt die mögliche Veränderung von $\frac{d\sigma}{dp}$, die aus der Abb. 2 bestimmt wird, im Bereich von 0,1 bis 0,2. Für die Berechnung nehmen wir $\frac{d\sigma}{dp} = 0{,}15$.[2]) Nach der Gleichung (3) finden wir:

$$\beta_{P.Sch.} = 0{,}6 \cdot 10^{-4}\,(1 - 0{,}15) - 0{,}03 \cdot 10^{-4} = 0{,}48 \cdot 10^{-4}\, cm^2/kp.$$

Dadurch ist es möglich, den Wert des Koeffizienten, der für die elastische Deformation des reinen Kluftspeichers charakteristisch ist, zu berechnen:

$$\alpha_1 = 2{,}2 \cdot 10^{-4} + \frac{0{,}1}{0{,}9} \cdot 0{,}44 \cdot 10^{-4} + \frac{0{,}48}{0{,}9} \cdot 10^{-4} = 2{,}78 \cdot 10^{-4}\, cm^2/kp.$$

Daraus ergibt sich die untere Grenze der maximalen geologischen Vorräte zu:

$$(\sum ö)_{max} = \frac{\sum ö\, \alpha_1}{(\alpha_1)_{min}} = \frac{0{,}05 \cdot 10^6}{1{,}78 \cdot 10^{-4}} = 180 \cdot 10^6\, t.$$

So können die geologischen Vorräte an Erdöl in der betrachteten Lagerstätte Werte von $180 \cdot 10^6$ bis $220 \cdot 10^6$ t nicht überschreiten, wobei der untere Wert dieser maximalen Grenze ($180 \cdot 10^6$ t) für den Fall eines reinen elastischen Kluftspeichers und der obere Wert ($220 \cdot 10^6$) für den reinen elastischen kavernösen Speicher erzielt wurden. Die Frage, inwieweit sich die realen Vorräte im betrachteten Lager den gefundenen maximalen Werten annähern, wird davon abhängen, inwieweit die Eigenschaften des betrachteten Modells eines klüftig-kavernösen Speichers den Eigenschaften der realen Schicht entsprechen. Dieses wird auch vom Grad der plastischen Deformationen der Klüfte abhängen.

Nach geologischen Unterlagen entspricht das betrachtete Lager seiner Natur nach dem Typ des Kluftspeichers; infolgedessen tendiert der maximal mögliche Wert der darin enthaltenen Erdölvorräte zum unteren Wert des gefundenen Zahlenbereichs. Exaktere Angaben können bei Vorhandensein zusätzlicher Informationen über den untersuchten Speicher, z. B. Angaben über das Verhältnis des Kluftvolumens zum offenen Porenvolumen des Speichers, erzielt werden.

Auf diese Weise kann sich die vorstehend vorgeschlagene Methode für die Einschätzung von Erdölvorräten in klüftig-kavernösen Speichern, ungeachtet des Näherungscharakters der Ergebnisse, als sehr wertvoll erweisen, wenn man die gegenwärtige Situation bei der Bestimmung der Erdölvorräte in diesen Gesteinen berücksichtigt.

[2]) Eine Veränderung der POISSONschen Zahl innerhalb weiterer Grenzen kann diesen Wert nicht erheblich verändern.

Literatur

BRANDT, H. A.: Study of the Speed of Sound in Porous Granular Media. — J. Appl. Mech., Vol. 22, No 1 (1955).

DEWEY, J. M.: The Elastic Constants of Materials Loaded with Non-Rigid-Fillers. — J. Appl. Physics, Vol. 18 (1947).

DOBRYNIN, W. M.: Berechnung der Anfangsvorräte von Erdöl bei Wassertriebregime unter Verwendung der elastischen Charakteristik der Schicht. — Geologija nefti i gasa, Nr. 1 (1964).

— Die physikalischen Eigenschaften erdöl-erdgas-führender Speicher in tiefen Bohrungen. — Isd-wo „Nedra" (1965).

— Bestimmung der elastischen Eigenschaften von Erdöl- und Erdgasspeichern, angewandt auf die Bedingungen des Abbaus von Lagerstätten. — Neftjanoe chosjajstwo, Nr. 3 (1968).

HASHIN, Z.: The Elastic Moduli of Heterogeneous Materials. — J. Appl. Mech., March, Trans. of the ASME, Ser. E (1962).

MAJDEBOR, W. N.: Eine Näherungsmethode zur Einschätzung des Klüftigkeitskoeffizienten nach den Angaben von Untersuchungen des Lagers. — Nautschn. techn. Sbornik Nr. 20, WNII, Gostoptechisdat (1963).

— Zur Frage der Restdeformationen in Lagern mit Kluftspeichern. — Trudy GrosNII, Vyp. 19, Isd-wo „Nedra" (1965).

— Stand der Methoden zur Berechnung der Anfangs- und gewinnbaren Vorräte von Erdöl in Lagern mit Kluftspeichern nach den Angaben einer Analyse der Förderung aus den Lagerstätten von Grosni. — Trudy SewKawNII, Vyp. 3, Isd-wo „Nedra" (1967) [1967 a].

— Schema des Aufbaus geklüfteter Medien. — Trudy SewKawNII, Vyp. 3, Isd-wo „Nedra" (1967) [1967 b].

— Vergleich der elastischen Materialbilanz für abgeschlossene Lager mit Kluftspeichern. — Trudy SewKawNII, Vyp. 3, Isd-wo „Nedra" (1967) [1967 c].

ROMM, E. S.: Methodik zur Bestimmung der Speichereigenschaften geklüfteter Gesteine. — Trudy WNIGNI, Vyp. 3, 17 (1966).

SCHTSCHELKATSCHEW, W. N.: Die Förderung aus erdöl- und wasserführenden Schichten bei elastischem Regime. — Gostoptechisdat (1948).

Die Anwendung elektrischer Parameter für die Einschätzung von Porosität und Erdöl- und Erdgassättigung produktiver Schichten im Zentralteil der Westsibirischen Tiefebene

L. W. SALASAJEWA & E. I. LEONTJEW, UdSSR

Die Speichergesteine der produktiven Horizonte im Zentralteil der Westsibirischen Tiefebene werden durch folgende Besonderheiten gekennzeichnet:

1. Die Erdöl und Erdgas enthaltenden Gesteine bestehen aus körnigen Sandsteinen polymikter Zusammensetzung.
2. Das Bindemittel der sandigen Gesteine hat in der überwiegenden Mehrzahl tonige Zusammensetzung mit verschiedenem Mineralgehalt (chloritisch, montmorillonitisch, kaolinitisch u. a.). Die Struktur des tonigen Bindemittels ist im wesentlichen filmartig, seine Menge beträgt 5 bis 35 Gew.-%.
3. Die sandigen Speichergesteine, die aus Bruchstücken von Quarz, Feldspat, Hydroglimmern und tonigem Bindemittel als Zement bestehen, sind hydrophil, wodurch in ihnen filmartig gebundenes Haftwasser auftritt, dessen Menge zwischen 10 und 50% (vom Porenvolumen) schwankt.
4. Die Mineralisierung der außerhalb der Konturen befindlichen Schichtwässer überschreitet für die jurassischen Ablagerungen nicht 50 bis 60 g/l, für die kretazischen nicht 25 bis 30 g/l. Die chemischen Hauptkomponenten des Wassers vom Chlorkalziumtyp sind Na^+- und Cl^--Ionen.

Bis jetzt wurden im Zentralteil der Westsibirischen Tiefebene folgende produktiven Horizonte ausgeschieden: in den unterkretazischen Ablagerungen die Schichten A_I, A_{IV}, A_X, A_{XI} (Wartow-Folge); die Schichten B_I, B_{II}, B_{III}, B_{IV}, B_V, B_{VI} (Tar-Folge), die Schicht B_{VIII} (Kulomsin-Folge) und in den jurassischen Ablagerungen die Schichten Ju_I (Wasjugan-Folge) und Ju_{II} (Tjumen-Folge). Am Kontakt mit dem paläozoischen Fundament wurde die Schicht M ausgeschieden.

Tabelle

Schichtenfolge (Schicht)	Probenanzahl	Veränderungsbereich der Porosität, %	vorherrsch. Klasse d. Speichergesteine (n. G. I. TEODOROWITSCH)	Mineralisation d. Schichtwässer, g/l
Wartow (A_I, A_{IV}, A_X)	122	15 – 31* / 24 – 29	I – II	19
Tar (B_I, B_{II}, B_{III}, B_{IV}, B_V, B_{VI})	217	8 – 30 / 18 – 28	I – II	27
Kulomsin (B_{VIII})	95	19 – 27 / 23 – 26	I – II	27
Wasjugan (Ju_I)	66	8,5 – 20 / 14 – 19	II – III	55
Tjumen (Ju_{II})	32	5,5 – 17 / 8 – 15	III – IV	55

* im Zähler = Grenzen der Veränderung der Porosität, im Nenner = sicherste Werte

Aus: „Geologija nefti i gasa", Nr. 10 (1967), S. 55–58.
Übers.: H. STÖLZER, Berlin.

In der Tab. sind die Kenntnisse über die Speichereigenschaften von Proben, die aus den obengenannten Horizonten und Schichtenfolgen für Untersuchungen entnommen wurden, sowie Daten über die Konzentration der Schichtwässer angeführt.

Nach den bohrlochgeophysikalischen Untersuchungen werden die produktiven Schichten durch relativ niedrige Werte des spezifischen Widerstands (von 7–10 bis 60–80 Ωm) gekennzeichnet, was sich vor allem durch die anomale elektrische Leitfähigkeit des gebundenen Wassers erklärt, dessen Menge durch die Anwesenheit von dispersem tonigem Material im Gestein sowie durch das Vorhandensein von tonigen Einlagerungen in einigen Erdöl und Erdgas führenden Horizonten bedingt ist.

Sofern die Speichergesteine der produktiven Horizonte nach den Kernanalysen in unterschiedlicher Menge toniges Material enthalten, besitzen sie einen verschiedenen Grad von Hydrophilie und haben verschiedene Porositäten, Permeabilitäten sowie unterschiedliche Bindemittel von verschiedener Mineralzusammensetzung. In ihren Poren befindet sich Schichtwasser von verschiedenartiger Konzentration, so daß es zweckmäßig war, die Abhängigkeiten der elektrischen Parameter von den Speichereigenschaften und der Erdöl- und Erdgassättigung für bestimmte Horizonte einzeln zu ermitteln.

Für die geologischen Verhältnisse des Zentralteils der Westsibirischen Tiefebene wurde die Abhängigkeit des Porositätsparameters vom Porositätskoeffizienten der wasserführenden Sandsteine erstmals nach Daten der seitlichen Bohrlochsondierung (BKS) (LEONTJEW 1965) festgestellt. Sie wurde im weiteren Verlauf in Zusammenhang mit der Ansammlung umfangreichen Beobachtungsmaterials präzisiert (LEONTJEW 1965).

Die ersten Laboruntersuchungen zur Feststellung der Abhängigkeit $P_p = f(k_p)$ wurden im Laboratorium für physikalische Eigenschaften des SNIIGGIMS durchgeführt. Für die unterkretazischen und oberjurassischen Ablagerungen des Zentralteils der Tiefebene erhielt man die empirische Abhängigkeit

$$P_p = k_p^{-1,95}$$

Die folgenden Arbeiten der Laboratorien des Nowosibirsker Geologischen Amts und des SNIIGGIMS zur Untersuchung der Abhängigkeiten $P_p = f(k_p)$ und $P_p = f(k_{s,g})$ wurden für die einzelnen Schichten und produktiven Horizonte vorgenommen. Dazu standen aus den produktiven Folgen 500 Proben sandiger Speichergesteine zur Verfügung. Die Gesteinsproben wurden nach Entfernung der Bitumina und Restsalze mit einem Modell von Schichtwasser gesättigt.

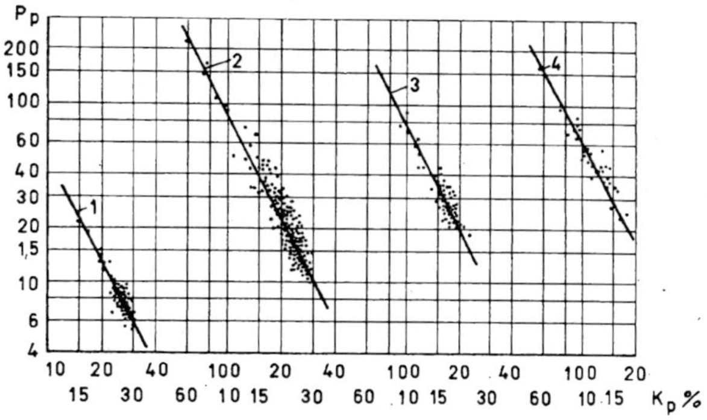

Abb. 1. Die Abhängigkeit des Porositätsparameters P_p vom Porositätskoeffizienten (k_p) für die mesozoischen Sandsteine der Erdöl- und Erdgaslagerstätten im Zentralteil der Westsibirischen Tiefebene

1 — Sandsteine der Wartow-Schichtenfolge (Schichten AI, AIV, AX) $P_p = 0{,}56\,k_p^{-1{,}93}$; 2 — Sandsteine der Tar- und Kulomsin-Folge (Schichten BI, BII, BIII, BIV, BV, BVI) $P_p = k_p^{-1{,}95}$; 3 — Sandsteine der Wasjugan-Schichtenfolge (Schicht JuI) $P_p = 0{,}75\,k_p^{-2}$; 4 — Sandsteine der Tjumen-Schichtenfolge (Schicht JuII) $P_p = 0{,}91\,k_p^{-1{,}83}$

Die Messung des elektrischen Gesteinswiderstands erfolgte auf einem Zweielektroden-Brückenschema bei einer Frequenz des Speisungsstroms von 1000 Hz.

In Abb. 1 sind die Abhängigkeiten des Porositätsparameters vom Porositätskoeffizienten aufgezeigt, die nach den Ergebnissen der Laboruntersuchungen von Sandsteinen der Erdöllagerstätten von Sosnin-Sowjetskoje, Medwedjew, Alenkin, Wartow, Megion, Surgut und Ust-Balyk und der Gaskondensatlagerstätten des Mittel-Wasjugan- und Senkino-Silgin-Walles ermittelt wurden.

In Zusammenhang mit der Ähnlichkeit der geologischen Charakteristik der Speichergesteine der Tar- und Kulomsin-Schichtenfolge erhielt man für sie die einheitliche Abhängigkeit $P_p = f(k_p)$. Die mathematische Bearbeitung der Meßergebnisse nach dem Verfahren der kleinsten Quadrate gestattete es, die empirischen Abhängigkeiten $P_p = f(k_p)$, die für den Veränderungsbereich der Porosität begründet sind, festzustellen (siehe Tab.). Der mittlere relative Fehler in der Bestimmung der Porosität für die erhaltenen Abhängigkeiten übersteigt im Vergleich zu den Beobachtungen an Kernen nicht 10%.

Die Kennziffer der Potenz beim Porositätskoeffizienten für die untersuchten Ablagerungen schwankt zwischen 1,83 und 2,0, was die Sandsteine der Kreide- und Jurasedimente als gut zementiert charakterisiert.

Die Streuung der Punkte in den Diagrammen erklärt sich wahrscheinlich vor allem durch den unterschiedlichen Grad des Tongehalts und der Zementierung der Gesteine, durch die Art der Verteilung des Bindemittels im Porenraum und durch seine unterschiedliche Mineralzusammensetzung.

Vergleicht man die empirischen Abhängigkeiten $P_p = f(k_p)$, so kann man feststellen, daß im Diagramm die Kurve der Wartow-Schichtenfolge die niedrigste Lage einnimmt; die höchste Lage hat die der Tar- und Kulomsin-Folge; die Kurven für die Wasjugan- und Tjumen-Folge nehmen eine Zwischenstellung ein.

Die niedrigsten Porositätswerte für die Speichergesteine der Wartow-Folge kann man sicherlich mit dem Einfluß des spezifischen Widerstands der Oberflächenleitfähigkeit erklären, die durch die anomale elektrische Leitfähigkeit des Haftwassers entsteht. Wenn die Sandsteine dieser Folge mit einer sehr niedrig mineralisierten Lösung (19 g/l) gesättigt wurden, war natürlich der Einfluß der oberflächigen Leitfähigkeit auf den spezifischen Gesteinswiderstand am wahrnehmbarsten.

Obwohl die Sandsteine der Wasjugan- und Tjumen-Folge eine erhebliche Menge tonigen Materials (bis 30 bis 33%) enthalten und feinkörnig sind (Speichergesteine der II. bis IV. Klasse), zeichnen sie sich durch höhere Porositätswerte aus als die Speicher der Wartow-Folge. Das hängt damit zusammen, daß die Konzentration der Lösung in der Wasjugan- und Tjumen-Folge die Konzentration der Lösung in den Wartow-Sandsteinen fast um das Dreifache übersteigt (siehe Tab.).

Die höchsten Porositätswerte für die Speichergesteine der Tar- und Kulomsin-Folge erklären sich durch ihre guten Speichereigenschaften und durch die höhere Mineralisation der Schichtwässer im Vergleich zu denen der Wartow-Folge.

Die ermittelten Abhängigkeiten können zur Bestimmung der Porosität der Gesteine nach dem bekannten Porositätsparameter und zur Feststellung des spezifischen Widerstands der wasserführenden Schichten nach der bekannten Porosität und dem spezifischen Widerstand des Schichtwassers verwendet werden.

Zur Feststellung der Abhängigkeit des Sättigungsparameters vom Koeffizienten der Wassersättigung (Erdöl- und Erdgassättigung) wurden aus den produktiven Horizonten die charakteristischsten und hinsichtlich der Speichereigenschaften die unterschiedlichsten Sandsteine entnommen. Insgesamt wurden 40 Proben aus vier produktiven Schichten (AI, BVIII, JuI und JuII) untersucht.

Der unterschiedliche Grad der Wassersättigung der Sandsteine wurde mit Hilfe der Sorptionsmethode und Kapillarmethode (SCHISCHIGIN 1964, SCHISCHIGIN u. a. 1964) erreicht. Der elektrische Widerstand der Proben

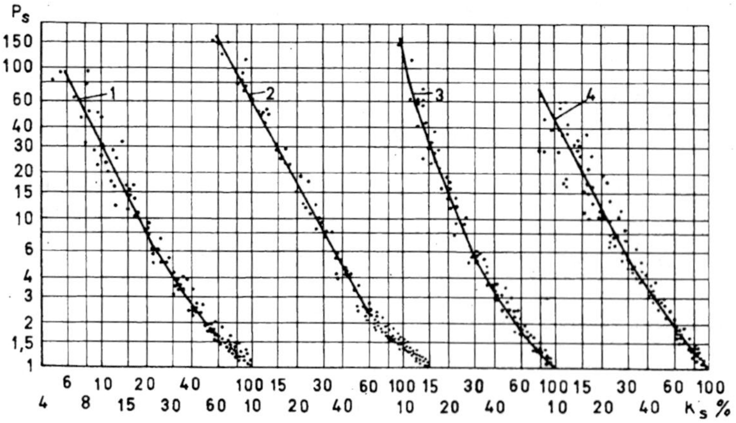

Abb. 2. Die Abhängigkeit des Sättigungsparameters P_s vom Koeffizienten der Wassersättigung (k_s) für die produktiven Horizonte des Gebiets zwischen Ob und Irtysch

1 — für die Sandsteine der Schicht AI (Sosnin-Sowjetsko-Medwedjew-Lagerstätte); 2 — für die Sandsteine der Schicht BVIII (Sosnin-Sowjetskoje-Lagerstätte); 3 — für die Sandsteine der Schichten JuI und JuII (Myldshin-Lagerstätte); 4 — für die Sandsteine der Schicht JuII (Ust-Silgin-Lagerstätte)

bei verschiedener Wassersättigung ist unter Berücksichtigung des Zeitfaktors gemessen worden, der die Verteilung der Feuchtigkeit im Gestein (LEONTJEW u. a. 1966) beeinflußt.

Die erhaltenen Werte des Sättigungsparameters wurden mit den entsprechenden Koeffizienten der Wassersättigung verglichen. Danach wurden die Ergebnisse gemittelt und Kurven der Abhängigkeit $P_s = f(k_w)$ gezeichnet (Abb. 2).

Die Streuung der Punkte in den aufgezeichneten Diagrammen erklärt sich in erster Linie durch den unterschiedlichen Gehalt an tonigem Material in den Proben (5 bis 30%), der sich durch den Mineralbestand des Bindemittels sowie durch den ungleichen Einfluß der Krümmung unterscheidet, deren Wert von der Größe der Wassersättigung abweicht.

Die Kurven $P_s = f(k_w)$ für die produktiven Schichten Ju_I und Ju_{II} der Myldshin- und Ust-Silgin-Lagerstätte liegen höher als die für die Schichten B_{VIII} und A_I. Das hängt sicherlich mit der mineralisierteren Lösung, mit der die Sandsteine der Schichten Ju_I und Ju_{II} gesättigt sind, sowie mit dem größeren Gehalt des Haftwassers mit anomaler elektrischer Leitfähigkeit zusammen. Die Divergenz der Kurven $P_s = f(k_w)$ für die Schichten Ju_I und Ju_{II} in der Ust-Silgin- und der Myldshin-Lagerstätte bei einer Wassersättigung von weniger als 30% kann man wahrscheinlich mit dem unterschiedlichen Grad der Benetzbarkeit der untersuchten Gesteine erklären.

Die Abhängigkeiten $P_s = f(k_w)$ können für die Einschätzung des Koeffizienten der Erdöl- und Erdgassättigung der entsprechenden produktiven Horizonte des zu untersuchenden Territoriums verwendet werden.

So konnten auf der Grundlage experimenteller Daten die empirischen Abhängigkeiten des Porositätsparameters vom Porositätskoeffizienten für die verschiedenen Schichtenfolgen und produktiven Horizonte im Zentralteil der Westsibirischen Tiefebene unter Berücksichtigung ihrer geologischen Besonderheiten gewonnen werden. Diese Abhängigkeiten werden zur praktischen Anwendung empfohlen.

Man erhielt laborative Abhängigkeiten des Sättigungsparameters vom Koeffizienten der Erdöl- und Erdgassättigung für die wesentlichen produktiven Horizonte im Gebiet zwischen Ob und Irtysch. Die Abhängigkeiten können von den Betrieben in ihrer praktischen Arbeit verwendet werden.

Eine Aufgabe für weitere Untersuchungen zur Bestimmung der Speichereigenschaften und der Erdöl- und Erdgassättigung der Ablagerungen in der Westsibirischen Tiefebene nach geophysikalischen Daten ist die Klärung des Grades des Einflusses des Tongehalts, des Drucks und der Temperatur auf die verschiedenen Parameter. Dabei müssen die Untersuchungen komplex, unter Einbeziehung der Daten über die elektrischen, radioaktiven, elastischen und anderen physikalischen Eigenschaften der Gesteine, geführt werden.

Literatur

LEONTJEW, E. I.: Die Einschätzung der Porosität und der Erdöl- und Gassättigung der Gesteine nach der Größe des spezifischen Widerstandes der Durchdringungszone. – Geologija i geofisika, 4, Verl. SO AN SSSR (1965).

LEONTJEW, E. I., & J. L. BRYLKIN: Die Bestimmung der Porosität der mesozoischen Ablagerungen im Zentralteil der Westsibirischen Tiefebene. – Geologija nefti i gasa, 6 (1962).

LEONTJEW, E. I., & T. E. KUTSCHERJAJEWA: Der Einfluß des Zeitfaktors auf die Messung des elektrischen Widerstandes der Gesteine mit verschiedenem Feuchtigkeitsgehalt unter Laboratoriumsbedingungen. – In: Sammelbd. „Methoden der Erkundungs- und Bohrlochgeophysik bei der Untersuchung des Baues der Westsibirischen Tiefebene" (1966).

SCHISCHIGIN, S. I.: Die Bestimmung der Restwassersättigung von Proben mit der Methode der kapillaren Aufstiegskräfte (Auszug). – Geologija nefti i gasa, 10 (1964).

SCHISCHIGIN, S. I., & W. I. KONJUCHOW: Die Bestimmung der Menge des gebundenen Wassers in Proben von Speichergesteinen mit der Methode der elektrischen Leitfähigkeit. – Geologija i geofisika, 7, Verl. SO AN SSSR (1964).

Die Spannung wassergelöster Gase als Index für die Perspektiven der Öl-Gas-Führung lokaler Strukturen[1]

L. K. GUZALO, UdSSR

Die Gaszusammensetzung unterirdischer Wässer wird von vielen Wissenschaftlern (E. E. BELJAKOWA 1956, M. S. GURJEWITSCH 1956, L. K. GUZALO & W. A. KRIWOSCHEJA 1965, W. N. KORZENSCHTEIN 1963, E. E. LONDON u. a. 1961, W. A. TERESTSCHENKO 1966) für die Prognose der Erdöl-Erdgas-Führung benutzt. Die Anwendung wassergelöster Gase als direktes gashydrogeochemisches Merkmal der Erdöl-Erdgas-Erkundung basiert auf der Vorstellung, daß die Erdgas- und Erdöllager bei einem allgemeinen regionalen Grundwert „Pole maximaler Sättigungsdrücke" für Kohlenwasserstoffgas sind (W. N. KORZENSCHTEIN 1963). Mit zunehmender Entfernung von diesen Polen kommt es zu einem Spannungsabfall der in den angrenzenden Wässern gelösten Gase und zu einer Abnahme des Kohlenwasserstoffgehalts als Folge sekundärer Migrationsvorgänge des Gases aus den Lagern.

Wenn in einem Untersuchungsgebiet in dem System gelöstes Gas — Kohlenwasserstofflager ein Phasengleichgewicht besteht, so ist eine Prognose der Erdöl-Erdgas-Führung auf Grund der Zusammensetzung und der Spannung der gelösten Gase für die einzelnen Fallen ohne besondere Schwierigkeiten möglich. Das Vorhandensein eines Lagers ergibt sich aus den Umrissen des Gebiets mit Grenzgassättigung der unterirdischen Wässer an Kohlenwasserstoffgasen (W. N. KORZENSCHTEIN 1963). Allerdings ist das Auftreten eines Phasengleichgewichts im System gelöstes Gas — Kohlenwasserstofflager eher ein Sonderfall (W. N. KORZENSCHTEIN 1963). Unter natürlichen Bedingungen besteht in den Kohlenwasserstofflagern häufiger ein gestörtes Phasengleichgewicht, wenn das Verhältnis zwischen

Aus: „Geologija nefti i gasa", Nr. 4 (1968), S. 32–35.
Übers.: H.-J. TESCHKE, Berlin.

[1] Am Beispiel der Dnepr–Donez-Senke.

Gesamtgasspannung zu Schichtdruck (P_{Ges}/P_{Sch}) weniger als 1 ist.

In diesem Fall ist es von großer Bedeutung, die Zusammensetzung und die Spannung des Gases des regionalen Grundwerts in den Wässern zu klären.

Wenn in diesen Wässern in der Zusammensetzung des gelösten Gases Nichtkohlenwasserstoffkomponenten (Stickstoff, Kohlensäuregas u. a.) überwiegen, so kann man auf die Nähe eines Kohlenwasserstofflagers aus dem zunehmenden relativen Gehalt und der Partialspannung der Kohlenwasserstoffe (u. a. auch der schweren) in der Zusammensetzung des Wassers schließen.

Wenn sich jedoch die Wässer des regionalen Grundwerts durch einen höheren Gehalt (bis 50% und mehr) an Kohlenwasserstoffen auszeichnen, so wird die Einschätzung der Erdöl-Erdgas-Perspektive einer Lokalstruktur auf Grund der gelösten Gase erheblich schwieriger, da der Gegensatz zwischen der Gaszusammensetzung der Wässer des Grundwerts und der Gaszusammensetzung im näheren Einflußbereich der Kohlenwasserstofflager nur wenig ausgeprägt ist (W. N. KORZENSCHTEIN 1963).

Die gegenwärtig für die Ausscheidung des regionalen Gasgrundwerts von Schichtwässern angewendeten quantitativen und qualitativen Kennzeichen, wie z. B. die Gesamtgassättigung der Wässer, die Zusammensetzung und Spannung der gelösten Gase, das Verhältnis zwischen Gesamtgasspannung und Schichtdruck, die Partialspannung der Kohlenwasserstoffe, der Gehalt an schweren Kohlenwasserstoffen u. a. (E. E. BELJAKOWA 1956, M. S. GURJEWITSCH 1956, W. N. KORZENSCHTEIN 1963, E. E. LONDON u. a. 1961, W. A. TERESTSCHENKO 1966), lassen nicht immer eine differenzierte quantitative Bewertung des Gasgrundwerts der Wässer für einzelne wasserführende Komplexe und für ein Gebiet insgesamt zu, und zwar aus folgenden Gründen: Bei gleicher Zusammensetzung und Menge der Gase besitzen die mineralisierten Wässer eine größere Gesamt- und Partialspannung der Gase. Berücksichtigt man die starke horizontale und vertikale Veränderlichkeit des Mineralisierungsgrads unterirdischer Wässer sowie der Temperatur- und Druckwerte (z. B. ändert sich in der Dnepr—Donez-Senke innerhalb des unterkarbonischen wasserführenden Komplexes die Mineralisierung der Schichtwässer von 80 und 90 bis 300 g/dm³), dann ist es nicht möglich, den Gasgrundwert der Schichtwässer für einzelne wasserführende Komplexe durch die obengenannten Parameter auszudrücken, da ein und dieselbe Gassättigung und die absolute Partialspannung der Kohlenwasserstoffe im einen Fall der Grundwert, im anderen Fall ein anomaler Wert sein können.

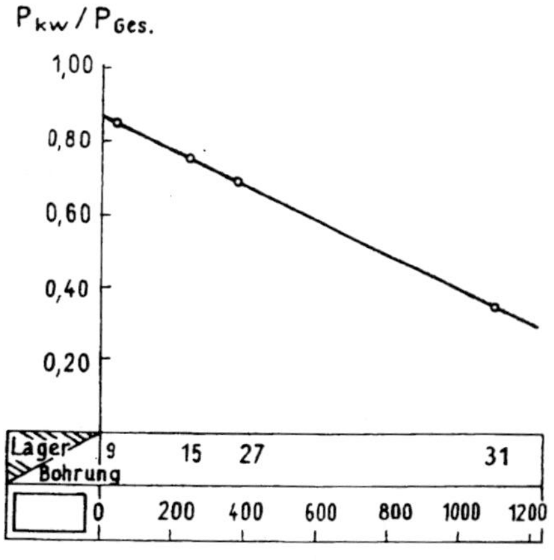

Abb. Veränderung der relativen Kohlenwasserstoffspannung mit zunehmender Entfernung vom Umriß des Erdöllagers der Lagerstätte Glinsko—Rosbyschewskoje

1 — P_{KW}/P_{Ges}; 2 — Lager; 3 — Bohrung; 4 — Abstand vom Umriß

Die in der Dnepr—Donez-Senke durchgeführten Untersuchungen haben gezeigt, daß es für die Ausbildung der Grundwert- und der anomalen Gaskonzentrationen in den Schichtwässern zweckmäßig ist, den Begriff der relativen Kohlenwasserstoffspannung zu verwenden, der den Einfluß und die Veränderlichkeit derartiger Faktoren berücksichtigt, z. B. den Mineralisierungsgrad der Wässer, die Temperatur und den Druck. Die relative Kohlenwasserstoffspannung stellt den Verhältniswert zwischen partieller Kohlenwasserstoffspannung und Gesamtgasspannung (P_{KW}/P_{Ges}) dar. Sie kann sich nur innerhalb bestimmter Grenzen ändern: von Null (bei Fehlen von Kohlenwasserstoffen) bis 1 (bei 100% Gehalt von Gasen mit Kohlenwasserstoffzusammensetzung im Wasser).

Es ist an 20 Strukturen nachgewiesen worden, daß in den Wässern des regionalen Gasgrundwerts, die in devonischen, unter-, mittel- und oberkarbonischen sowie permischen Ablagerungen erdöl-erdgas-freier Räume auftreten (s. Tab.), das Verhältnis P_{KW}/P_{Ges} zwischen 0 (bei Auftreten von Gasen mit reiner Stickstoffzusammensetzung) bis 0,6 (bei höherem Gehalt an Kohlenwasserstoffen) schwankt.[2])

Eine deutliche Gesetzmäßigkeit in der räumlichen Veränderung der Kohlenwasserstoffgrundkonzentration war in den Schichtwässern des Untersuchungsgebiets nicht zu beobachten. Allerdings ist für jeden wasserführenden Komplex des Paläozoikums mit zunehmender Lagerungstiefe die Tendenz einer relativen Zunahme der Kohlenwasserstoffspannung zu beobachten. In Zusammenhang damit nimmt von den Achsenbereichen zu den Rändern der Senke hin und von SE nach NW die Grundspannung der Kohlenwasserstoffe in den Wässern von maximalen Werten (nicht über 0,5 bis 0,6) von dem am tiefsten abgesenkten zentralen Teil der Senke bis auf 0 in den randlichen Flanken des Ukrainischen und Woronesh-Kristallinmassivs hin ab, d. h. dorthin, wo die Kohlenwasserstoffe von Gasen mit Stickstoff-Sauerstoff-Zusammensetzung abgelöst werden.

Vom Hangenden zum Liegenden der paläozoischen Sedimentserie ist in den Wässern im Gasgrundwert eine gewisse Zunahme (innerhalb der genannten Grenzen) der relativen Kohlenwasserstoffspannung zu beobachten.

Somit ist für die wasserführenden Komplexe der paläozoischen Ablagerungen der Dnepr—Donez-Senke die Grundsättigung an Kohlenwasserstoffgasen durch den Wert der relativen Kohlenwasserstoffspannung von 0 bis 0,6 bestimmt.

Gleichzeitig ändert sich in den Schichtwässern, die mit den Kohlenwasserstofflagern in unmittelbarem Zusammenhang stehen und die sich im Einflußbereich erdöl-erdgas-führender Ansammlungen befinden, der

[2]) Nach einigen Daten besteht eine analoge Gesetzmäßigkeit auch für die Triaswässer.

Tabelle. Zusammensetzung und Spannung der in den unterirdischen Wässern der Kohlenwasserstofflager der Dnepr—Donez-Senke gelösten Gase

Gebiete	Bohrung	Perforationsintervall m	Alter der wasserenthaltenden Gesteine	Zusammensetzung des Gases Volumenprozent				Partialspannung der Kohlenwasserstoffe, atm	Gesamtspannung der Gase, atm	Wert des Verhältnisses zwischen Partialspannung der Kohlenwasserstoffe zur Gesamtspannung der Gase	Wert des Verhältnisses zwischen Gesamtspannung zu Schichtdruck
				CO_2	seltene Elemente	höhere Kohlenwasserstoffe	Summe der schweren Kohlenwasserstoffe				
I. Nicht an Kohlenwasserstofflager gebundene Gase											
Wässer der in bezug auf die Erdöl-Erdgas-Führung „leeren" Strukturen											
Schapowalowskaja	301	2508 – 2525	Devon	0,10	54,09	45,11	3,40	20,0	56,0	0,36	0,16
Schapowalowskaja	301	2444 – 2450	Devon	0,15	54,62	44,36	6,27	18,0	61,0	0,30	0,24
Koschelewskaja	204	2743 – 2750	Unterkarbon	2,8	54,4	35,20	18,78	7,0	36,0	0,19	0,12
Malo-Dewizkaja	1	2997 – 2999	Unterkarbon	1,0	52,35	46,65	–	25,0	69,0	0,36	0,22
Stschuroeskaja	3	3113 – 3119	Unterkarbon	0,38	48,88	48,53	5,54	23,0	62,0	0,37	0,20
Antonowskaja	201	1597,2 – 1605,6	Mittelkarbon	1,35	86,13	9,77	2,87	0,0	12,0	0,0	0,11
Adamowskaja	6	1790 – 1795	Mittelkarbon	0,85	99,75	nicht nachgewiesen	6,94	0,0	7,0	0,0	0,04
Gnilizkaja	2	1872 – 1883	Mittelkarbon	1,90	93,17	2,49	1,80	0,0	15,0	0,0	0,08
Malo-Dewizkaja	1	2457 – 2464	Mittelkarbon	0,96	55,50	41,21	9,71	12,0	30,0	0,40	0,12
Oktjabrskaja	2	2475 – 2479	Oberkarbon	0,5	66,8	33,18	0,08	10,8	31,5	0,34	0,18
Tscherwono-Dozekaja	7	2360 – 2424	Oberkarbon	0,5	48,3	51,2	–	27,0	52,8	0,51	0,20
Dozekaja	9	2234 – 2562	Oberkarbon	0,8	73,4	25,8	–	7,35	28,3	0,26	0,12
Balakleiskaja	3	2557 – 2567	Perm	0,8	71,9	27,3	–	16,4	60,0	0,27	0,31
Tscherwono-Dozekaja	9	1825 – 1906	Perm	0,5	45,1	54,4	–	34,6	63,7	0,54	0,34
Kolomaksjaka	3	1986 – 1014	Trias	3,3	76,1	19,04	0,04	0,65	4,97	0,13	0,02
Kolomaksjaka	3	1844 – 1856	Trias	1,4	96,8	0,84	–	0,17	4,12	0,04	0,23
Wässer unproduktiver Schichten erdöl-erdgas-führender Strukturen und von den produktiven Schichten entfernte Wässer											
Schebelinskaja	74	2816 – 2852	Perm	0,84	48,0	50,57	0,33	56,2	108,0	0,52	0,36
Spiwakowskaja	9	1031 – 1061	Perm	1,5	91,79	6,82	–	1,3	16,6	0,08	0,16
Glinsko-Rosbyschewskaja	31	2035 – 2045	Perm	1,3	48,15	48,85	1,35	7,6	21,3	0,36	0,10
Maschewskaja	5	2017 – 2022	Trias	1,5	48,2	49,81	0,01	4,80	14,0	0,34	0,07
II. Unmittelbar mit Kohlenwasserstofflagern gebundene Gase											
Golubowsko-Iljitschewkoje	5	1303 – 1307	Unterkarbon	0,54	2,58	96,89	4,36	78,7	79,0	1,0	0,61
Nowo-Grigorjewskoje	4	2055 – 2057	Unterkarbon	0,5	4,35	95,15	3,30	104,34	112,6	0,93	0,54
Grigorjewskoje	5	2309 – 2313	Unterkarbon	3,15	6,20	90,65	9,80	62,4	72,3	0,86	0,30
Perestschepinskoje	32	2247 – 2252	Unterkarbon	1,04	3,50	95,46	3,62	122,0	130,4	0,94	0,54
Lewenzowskoje	15	1410 – 1418	Unterkarbon	0,61	3,74	95,65	3,27	123,6	129,3	0,96	0,91
Perestschepinskoje	34	1883 – 1888	Mittelkarbon	1,75	1,15	96,6	3,15	62,0	64,0	0,97	0,32
Rybalskoje	10	2480 – 2485	Mittelkarbon		3,65	95,60	11,65	133,0	139,1	0,96	0,53
Katschanowskoje	17	2374 – 2380	Mittelkarbon	0,5	11,9	87,18	3,68	83,5	101,2	0,82	0,41
Sewero-Golubowskoje	3	2358 – 2393	Mittelkarbon	0,37	4,23	93,19	2,03	182,3	191,1	0,95	0,78
Krasno-Popowskoje	9	1339 – 1349	Mittelkarbon		6,02	93,17	0,82	117,6	129,1	0,91	0,92
Katschanowskoje	26	2086 – 2088	Oberkarbon	0,25	9,35	88,95	4,25	67,5	80,9	0,83	0,38
Katschanowskoje	9	2122 – 2130	Oberkarbon	0,5	6,85	92,4	4,0	82,1	93,0	0,88	0,52
Katschanowskoje	26	2156 – 2162	Oberkarbon	0,4	11,91	87,44	5,84	88,2	110,4	0,80	0,66
Schebelinskoje	21	2503 – 2525	Oberkarbon	0,75	1,8	96,56	2,50	259,2	264,5	0,98	1,0
Glinsko-Rosbyschewskoje	56	1935 – 1941	Perm	0,5	23,5	73,75	11,9	161,0	189,2	0,85	1,0
Rosbyschewskoje	15	1951 – 1956	Perm	0,75	18,85	79,15	10,0	40,0	53,2	0,75	0,28
Spiwakowskoje	13	713 – 784	Perm	0,5	1,2	98,3			60,3	61,0	0,99	0,92
Schebelinskoje	42	2428 – 2437	Perm		2,6	95,8	1,6	213,3	219,0	0,97	0,86
Belskoje	20	1797 – 1802	Trias	0,75	4,53	94,72	7,12	113,0	120,8	0,94	0,69
Belskoje	10	1776 – 1783	Trias	0,1	8,1	90,9	5,9	165,0	184,6	0,89	1,0
Rybalskoje	18	1585 – 1590	Trias	1,67	9,07	90,4	4,68	32,7	38,3	0,85	0,24

Anmerkung: In der Tab. sind Daten der Treste Tschernigowneftegasraswedka, Poltawaneftegasraswedka und UkrNIIgasa verwendet worden.

Wert der relativen Kohlenwasserstoffspannung (P_{KW}/P_{Ges}) von 0,6 auf 1 (s. Tab.). Wichtig ist der Hinweis, daß die erwähnte Gesetzmäßigkeit bei Änderung des Verhältnisses zwischen der Gesamtspannung der wassergelösten Gase und dem Schichtdruck innerhalb weiter Bereiche von 1 (bei maximaler Gassättigung der Wässer) auf 0,3 zu beobachten ist.

Eine Analyse der vorliegenden Daten über Zusammensetzung und Spannung der wassergelösten Gase der Dnepr—Donez-Senke hat gezeigt, daß beim Auftreten von Erdöl- und Erdgaslagern die Spannung der Kohlenwasserstoffe in den Schichtwässern der Hofzone im wesentlichen durch die Lage der Wässer in bezug auf das Lager sowohl in der Horizontalen als auch im Profil bestimmt wird. Mit zunehmender Annäherung an die Kontur des Erdöl- oder Erdgaslagers nimmt die relative Spannung der Kohlenwasserstoffe (u. a. auch der schweren) in den Wässern zu.

Als Beispiel kann man das unterpermische Lager der Glinsko—Rosbyschewskoje-Lagerstätte anführen. Wie aus der Abbildung ersichtlich ist, zeichnet sich in der etwa 1100 m von der Kontur des Erdöllagers entfernten Bohrung 31 eine relative Grundspannung der Kohlenwasserstoffe (0,36) ab. Mit zunehmender Annäherung an die Kontur des Lagers nimmt die relative Spannung der Kohlenwasserstoffe zu: 370 m vom Lager (Brg. 27) erreicht sie bereits einen Wert von 0,69, der für Wasser des Hofes charakteristisch ist, 240 m vom Umriß entfernt beträgt er 0,75 (Brg. 15), 40 m vom Wasser/Öl-Kontakt (Brg. 9) steigt er bis auf 0,85 m an.

Aus dem Wert der Grundkonzentration der Wasserstoffe in den Schichtwässern des Gebiets läßt sich die Entfernung zwischen der festzulegenden Verbreitungsgrenze des Hofes der Kohlenwasserstoffgase und den Lagern feststellen. Bei jedem beliebigen Erdöl-Erdgas-Lager wird die Verbreitungsgrenze des Dispersionshofs der Kohlenwasserstoffgase in den Schichtwässern hauptsächlich durch die Größe der Zone mit Werten relativer Kohlenwasserstoffspannung (P_{KW}/P_{Ges}) von 1 bis 0,6 bestimmt.

Mit zunehmendem Alter der wasserführenden Gesteine nimmt die Größe des Dispersionshofes der Kohlenwasserstoffgase zu. So ist z. B. die Verbreitungszone des Kohlenwasserstoffhofs in den Wässern der Unter- und Mittelkarbonlager (Rybalskoje, Perestschepinskoje und andere Lagerstätten) um das Doppelte größer als in den Wässern der unterpermischen Lager (Lagerstätte Glinsko—Rosbyschewskoje und Schebelinskoje). Die Größe des Dispersionshofs der Kohlenwasserstoffgase in den Schichtwässern ist in den Erdöllagern mit hohem Gehalt an schweren Kohlenwasserstoffen in der Gaszusammensetzung erheblich (bis zu einigen hundert Metern) geringer (Lagerstätten Leljakowskoje, Prilukskoje u. a.).

Aus dem oben Dargelegten folgt, daß bei einer Bewertung der Erdöl-Erdgas-Führung lokaler Strukturen eines Untersuchungsgebiets der Wert der relativen Spannung der Kohlenwasserstoffgase (P_{KW}/P_{Ges}) in den Schichtwässern von 0,6 und mehr für ein mögliches Auftreten von Erdöl- und Erdgaslagern spricht, während die Wachstumsrichtung der relativen Kohlenwasserstoffspannung (u. a. auch der schweren Kohlenwasserstoffe) die wahrscheinliche Lage der Kontur des Lagers anzeigt.

Damit haben die durchgeführten Untersuchungen gezeigt, daß bei einer Prognose der Erdöl-Erdgas-Führung lokaler Strukturen auf Grund der wassergelösten Gase die relative Kohlenwasserstoffspannung als direktes gashydrochemisches Merkmal benutzt werden kann.

Literatur

BELJAKOWA, E. E.: Die Bedeutung der unterirdischen Wässer und der wassergelösten Gase für die Erdölprospektion auf Grund von Untersuchungsergebnissen im Zwischenstromgebiet von Samara-Kama des Wolga—Ural-Erdölgebietes. — Sammelband „Woprossy neftepoiskowoi gidrogeologii", Gosgeoltechisdat (1956).

GURJEWITSCH, M. S.: Prinzipien der komplexen Erdölprospektionsforschung unterirdischer Wässer. — Sammelband „Woprossy neftepoiskowoi gidrogeologii", Gosgeoltechisdat (1956).

GUZALO, L. K., & W. A. KRIWOSCHEJA: Einige Gesetzmäßigkeiten der Gassättigung unterirdischer Wässer öl-gas-führender Strukturen im mittleren Teil der Dnepr—Donez-Senke und ihre Bedeutung für die Öl-Gas-Prospektion. — Geologija nefti i gasa, Nr. 3 (1965).

Die größte Erdöllagerstätte in der ČSSR

FRANTIŠEK NĚMEC, Hodonín

1959 wurde im Nordwestteil des Wiener Beckens die Erdöl-Erdgas-Lagerstätte Hrušky entdeckt. Im Verlauf der weiteren Tiefenerkundung zeigte sich, daß es sich um die größte Erdöllagerstätte in der ČSSR handelt, deren Vorräte große Bedeutung besitzen und einen hohen volkswirtschaftlichen Wert darstellen.

Die Lagerstätte befindet sich im südlichen Teil der Niedermährischen Senke, südwestlich von Hodonín.

1. Stratigraphie und Lithologie

Das Liegende des Neogens bilden hier Gesteine des Magura-Flyschs. Das Unterburdigal wurde bisher im Bereich der Lagerstätte Hrušky nicht angebohrt, aber nach den Vorkommen in der benachbarten Josefov-Struktur kann man es im nördlichen Teil des Hrušky-Gebiets nicht ausschließen. Das Oberburdigal — Lužicer Schichten — ist im ganzen Gebiet verbreitet. Es ist vor allem an die Mikulčicer Depression gebunden, wo es seine größte Mächtigkeit mit 1100 m erreicht. Lithologisch werden diese Schichten in eine Konglomerat- und in eine Schlierfazies unterteilt.

Das Karpat wurde vorwiegend am Westabhang des Horstes angebohrt, in dessen südlichem Teil (Bohrung Hrušky–135) seine maximale Mächtigkeit mit 1400 m festgestellt wurde. In Nordostrichtung kommt es zur Reduktion bis zum vollständigen Auskeilen, wie dies im nördlichen Teil des Hrušky-Gebiets festgestellt wurde. Nach der Lithologie wird das Karpat in zwei Teile unterteilt. Der untere, diskordant auf den Lužicer Schichten liegende Teil, der als Týnec-Sande bezeichnet wird, besteht aus fein- bis grobkörnigen Sandsteinen, die von Ton- und Schiefertonlagen durchzogen sind. Ihre Mächtigkeit erreicht bis 700 m. Der höhere Teil ist pelitisch ausgebildet.

Die Lanzendorfer Serie (unteres Meerestorton) beginnt mit einem basalen porösen Komplex von transgressivem Charakter, der am Westabhang des Horstes entwickelt ist. Er besteht aus Sandsteinen mit einer beträchtlichen faziellen Unbeständigkeit. Das Maximum ihrer Mächtigkeit erreichen

Aus: „Geologický průzkum", 1, 1968, S. 7–10.
Übers.: F. MÜLLER, Grünheide/M.

die basalen Schichten im südlichen Teil des Abhangs mit über 40 m. Nach E und NE keilen sie aus. Das Hangende dieser Schichten bildet ein monotoner Komplex von Meeressedimenten in Form von Mergeltonen ohne sandige Einlagerungen. Diese sind über das ganze Gebiet hin entwickelt; nach N und NE zu keilen sie aus. Ihre Mächtigkeit schwankt zwischen 300 bis 400 m.

Das Torton (Obertorton) beginnt mit einer basalen Schichtenfolge, die auf die zentrale mährische Senke beschränkt ist. Lithologisch handelt es sich um fein- bis grobkörnige, faziell sehr unbeständige und von pelitischen Gesteinen zwischengelagerte Sandsteine. Im nördlichen Teil der zentralen Senke bestehen die tieferen Partien dieser Serie aus basalen Trümmergesteinen. Ihre maximale Mächtigkeit erreicht sie im südlichen Teil der zentralen Senke mit 540 m. Den höheren Teil des Tortons bilden bunte Schichten der Žižkover Fazies, die ebenso wie alle höheren Stufen über das ganze Hrušky-Gebiet verbreitet sind. Als ihre obere Grenze wird der Láb-Horizont angesehen. In der zentralen Senke setzen sie sich in den tieferen Partien vor allem aus pelitischen Gesteinen zusammen, die rostbraun verfärbt sind. In den höheren Partien nehmen die sandigen Komponenten zu, die eine Mächtigkeit von einigen Dutzend Metern erreichen, jedoch faziell sehr unbeständig sind. Ihre maximale Mächtigkeit beträgt 660 m. Am Westabhang, an dem nur ihre höchsten Teile entwickelt sind, besitzen sie überall transgressiven Charakter; ihre Mächtigkeit übersteigt nie 280 m. Das Hangende der bunten Schichten der Žižkover Fazies bildet eine Zone mit Agglutinantien, die fast ausschließlich in der pelitischen Entwicklung vorliegen. Diese Zone erreicht ihre höchste Mächtigkeit mit 200 m. Während der Sedimentation des höchsten Tortons kam es zu einer allmählichen Verflachung des Meeres und damit zur Ablagerung zahlreicher faziell unbeständiger Sandhorizonte, vor allem im südlichen Teil der zentralen Senke. Die Sedimentation des Tortons schließt mit bunten Schichten ab. Die maximale Mächtigkeit der höchsten Partien dieser Stufe wurde ebenfalls im südlichen Teil der zentralen Senke mit 470 m bestimmt.

Im Sarmat setzt sich zuerst die Sedimentation bunter, größtenteils rostbraun gefleckter Tone fort. Darüber befinden sich Tone mit zahlreichen Zwischenlagerungen, überwiegend aus feinkörnigen Sanden, die in den tieferen Teilen faziell sehr unbeständig sind. Das Sarmat erreicht in der zentralen Senke mit 850 m seine größte Mächtigkeit, die am Westabhang auf 250—300 m reduziert ist.

Das Pliozän ist durch Pannon und Pont vertreten, die in der zentralen Senke bis 530 und 245 m mächtig werden.

2. Tektonische Verhältnisse

Die wichtigste Störung in dem genannten Gebiet ist der Landshut—Hrušky-Bruch, der von Österreich her auf unser Gebiet übergreift. In einem beträchtlichen Teil seines Verlaufs spaltet er sich in zwei parallele Brüche, die sich in den oberen Partien des Neogens zu einem einzigen Bruch vereinigen. Im südlichsten Teil der Hrušky-Lagerstätte zweigt von dieser Hauptstörung der Kostice-Bruch und wahrscheinlich auch der Tvrdoň-Bruch ab, die zusammen mit der Hauptstörung das sogenannte Landshut—Hrušky-Bruchsystem bilden, das zu den Längsbrüchen des höheren Neogens gehört. Ihr Streichen verläuft von NE—SW bis NNE—SSW mit Einfallen gegen WSW, identisch mit dem Streichen des Wiener Beckens. Hieraus resultiert die Bezeichnung „Längsbruch". Nordöstlich von der Hrušky-Lagerstätte wird eine erneute Verbindung dieser Brüche und deren Anschluß an den Lužicer Bruch angenommen. Alle Hauptstörungen sind von zahlreichen Fiederbrüchen und kleinen Störungen begleitet, die stellenweise ein kompliziertes System von Zwischenschollen bilden.

Die Funktion des Landshut—Hrušky-Bruchs wurde vom Beginn des Tortons bis zum Pannon nachgewiesen. Im Pannon und teilweise im Sarmat klingt sie in Nordostrichtung allmählich ab. Der Kostice-Bruch beeinflußte im südlichen Teil des Gebiets außer das Torton auch die Lanzendorfer Serie, im nördlichen Raum auch das Sarmat und das tiefste Pannon.

Die Sprunghöhen der Brüche des Landshut—Hrušky-Systems sind im S am größten und werden in Nordostrichtung geringer. Die maximale Sprunghöhe des Landshut—Hrušky-Bruchs erreicht vor seiner Aufspaltung an der Basis des Tortons 1500 m, der Kostice-Bruch in der Lanzendorfer Serie 250 m. Das Einfallen des ersteren beträgt überwiegend 45 bis 55°; nur im nördlichen Teil des Gebiets auch über 65°.

Außer den angeführten Störungen wurden auf der Lagerstätte Hrušky auch Brüche prätortonischen Alters festgestellt. Hierzu gehört vor allem der im südlichsten Teil des Gebiets, im Raum der Bohrung Hrušky–135 festgestellte Bruch mit WNE—ESE-Streichen, Einfallen gegen SSW. Der Bruch hatte nur im Karpat Bedeutung. Seine Sprunghöhe beträgt bis 500 m. Ferner zählt hierher der im Raum der Bohrung Hrušky–8 festgestellte Bruch mit einer Sprunghöhe über 200 m, an dem in den Lužicer Schichten und im Karpat, untergeordnet auch im Torton und im Sarmat, Bewegungen stattgefunden haben.

Im nördlichen Teil der Lagerstätte Hrušky sind Störungen festgestellt worden, die als Querbrüche des höheren Neogens zu betrachten sind. Die Funktion dieser Brüche wurde von den höchsten Teilen des Tortons bis zum Pont nachgewiesen. Sie verlaufen überwiegend NW—SE mit Einfallen gegen SW und mit einer Sprunghöhe von 15 bis 75 m. Zu dieser Gruppe ist auch wegen des gleichen Alters der östliche Kostice-Bruch zu zählen, der vom Landshut—Hrušky-Bruch abzweigt, NNE—SSW verläuft und an den Kostice-Bruch anschließt. Von diesem Bruch zweigen dann die erwähnten eigentlichen Querstörungen ab.

Der Landshut—Hrušky-Bruch unterteilt das Gebiet in eine abgesunkene Scholle und in den Westabhang des Hodonín—Gbely-Horstes, die beide durch Teil- und Zwischenschollen noch weiter aufgegliedert werden. Die wichtigsten von ihnen sind: Kostice, Tvrdoň- und Hrušky-Zwischenscholle, die westliche, östliche und Josefov-Zwischenscholle sowie die abgesunkene Hrušky-Scholle, die selbst noch weiter in Teilzwischenschollen untergliedert ist (Abb. 1).

Abb. 1. Aufwölbungen von Hrušky: Strukturkarte der Oberfläche des höchsten Horizonts in den bunten Schichten der Žižkover Fazies — des Láb-Sandes

A — Landshut—Hrušky-Bruch; B — Landshut—Hrušky-Nebenbruch; C — Kostice-Bruch; D — östlicher Kostice-Bruch; E — Tvrdoň-Bruch; F — Lužicer Bruch

1 — abgesunkene Hrušky-Scholle; 2 — Kostice-Zwischenscholle; 3 — Tvrdoň-Zwischenscholle; 4 — Hrušky-Zwischenscholle; 5 — westliche Zwischenscholle; 6 — östliche Zwischenscholle; 7 — Josefover Zwischenscholle

a — Abb. 2; b — Abb. 3; c — heutige Ausdehnung des produktiven Teils der Lagerstätte Hrušky

Bezeichnung der Bohrungen: hr — Hrušky; H — Hodonín; J — Josefov; K — Kostice; L — Lužice; La — Landshut; Tý — Týnec

In den Lužicer Schichten wird die Struktur durch die Mikulčicer Depression charakterisiert. Für das Karpat ist das regionale Absinken der Schichten, verbunden mit einer Mächtigkeitszunahme nach SW und dem Auskeilen im NE, typisch. Im südlichsten Teil dieses Gebiets ist außerdem die Querdepression in WNW—ESE-Richtung festzustellen.

Im Torton ist die Struktur der zentralen Senke asymmetrisch. Im südlichsten Teil hat sich am Landshut—Hrušky-Bruch eine charakteristische Depression gebildet. Östlich der Depressionshauptzone befindet sich die mächtige Hrušky-Erhebung, die sich auch auf dem Westhang des Horstes fortsetzt und so ein geschlossenes Hebungsgebiet höherer Ordnung mit Halbgewölbecharakter bildet. Aus diesem Grunde erweitern wir, beginnend mit dem Torton, die Bezeichnung Hrušky-Struktur auf das ganze Gebiet, einschließlich des Josefover Gebiets, das mit seiner Struktur ebenfalls in den Rahmen dieser Einheit fällt. So definiert, stellt die Hrušky-Struktur die mächtigste Baueinheit im ganzen Nordwestteil des Wiener Beckens dar. Sie erstreckt sich etwa in NE—SW-Richtung über 15 km Länge bei einer maximalen Breite von ca. 3 km.

3. Erdöl- und Erdgasführung

Die Länge des produktiven Teils der Lagerstätte Hrušky beträgt 10 km, die maximale Breite etwa 2 km. Im N grenzt sie an die Lagerstätte von Josefov, die in Wirklichkeit eine Fortsetzung der Lagerstätte Hrušky ist und damit den produktiven Teil dieses ganzen Gebiets um weitere 3 km erweitert.

Die Kohlenwasserstoff führenden Horizonte befinden sich im Bereich von Sarmat bis Karpat in einer Teufe von 1050 bis 2750 m. Insgesamt sind auf der Lagerstätte bisher mehr als 30 Erdöl- und Erdgashorizonte von verschiedener Mächtigkeit und Ausdehnung sowie von sehr unterschiedlicher Bedeutung festgestellt worden.

Neben den Lagerstätten mit produktiver Fläche bis zu mehreren Kilometer Länge gibt es eine Reihe linsenförmiger Speicher von minimaler Ausdehnung, die nur von einer einzigen Bohrung angetroffen wurden. Wesentlichen Einfluß auf die Erdöl- und Erdgasführung haben neben der faziellen Entwicklung auch die Brüche, und zwar nicht nur die Hauptbrüche, sondern auch die kleineren mit einer Sprunghöhe von nur 15 m, die sehr häufig eine Unproduktivität der Horizonte auf den Nachbarschollen verursachen.

Das Karpat wurde nur am südlichen Westhang des Horstes produktiv angetroffen. Der bedeutungsvollste Produktionshorizont ist der höchste Teil der Týnec-Sande. Es handelt sich um eine Erdöl-Erdgas-Lagerstätte von größerer Mächtigkeit, deren Erkundung ebenso wie die Erkundung weiterer Erdöl- und Erdgashorizonte in ihrem Liegenden bisher noch nicht abgeschlossen ist.

In der Lanzendorfer Serie finden sich wirtschaftlich abbauwürdige Erdöl- und Erdgaslagerstätten ebenfalls am südlichen Westhang des Horstes nur im basalen Horizont. Es sind tektonisch begrenzte Schichtlagerstätten, deren Erkundung z. Z. fortgesetzt wird.

In den basalen Tortonschichten wurden Erdöl und Erdgas nur in drei Bohrungen im mittleren und nördlichen Teil der abgesunkenen Scholle angetroffen. Es ist jedoch nicht gelungen, die Sonden in Betrieb zu nehmen. Die bunten Žižkover Schichten des Tortons sind ebenfalls fast ausschließlich im nördlichen Teil des Hrušky-Gebietes produktiv, und zwar auf den Teilzwischenschollen sowohl in der zentralen Senke als auch am Westhang des Horstes. Von den festgestellten neun Erdöl- und zwei Erdgashorizonten gehört der größte Teil zum Typ der linsenförmigen Lagerstätten, die in ihrer Ausdehnung mehr oder weniger begrenzt sind. Die erdölführenden Horizonte dieses Typs haben außerdem überwiegend einen hohen P/O-Anteil. Von wesentlich größerer Bedeutung sind die Lagerstätten am Westhang des Horstes, zu denen als höchste Horizonte der bunten Schichten der Láb-Horizont und der basale Tortonsand gehören. In der Zone der Agglutinantien wurde Erdgas im 10. Tortonhorizont im südlichsten Teil der abgesunkenen Scholle angetroffen.

Der höchste Teil des Tortons ist erdölgeologisch die bedeutungsvollste Stufe im Hrušky-Gebiet. Produktive Horizonte befinden sich auf der abgesunkenen Scholle des Landshut—Hrušky-Bruchs und auch auf den Teilzwischenschollen am Westhang des Horstes in seinem nördlichen Teil. Als produktiv wurden bisher die Horizonte 9, 8, 7, 6, 5, 4 und 3a befunden, von denen einige erdgasführend sind. Die Mehrzahl dieser Horizonte bilden tektonisch begrenzte Schichtlagerstätten. Nur bei einigen Lagerstätten wird die tektonische auch durch eine lithologische Begrenzung vervollständigt. Auf der abgesunkenen Scholle ist die Produktivität der Horizonte an den Landshut—Hrušky-Bruch gebunden. Im folgenden sei eine kurze Charakteristik der zwei wichtigsten dieser Horizonte angeführt:

Der 7. Tortonhorizont bildet gegenwärtig die ausgedehnteste und produktivste zusammenhängende Erdöllagerstätte im gesamten Gebiet. Seine produktive Fläche erstreckt sich über mehr als 8 km Länge, die größte Breite beträgt etwa 1 km. Die größte Ergiebigkeit zeigt er überwiegend auf der abgesunkenen Scholle. Faziell ist er hier unbeständig. Seine größte effektive Mächtigkeit beträgt 8,5 m. Im nördlichen Strukturteil, auf der westlichen und auf der östlichen Zwischenscholle, wurde der gleiche Horizont erdgas- und erdölführend angetroffen.

Der 6. Tortonhorizont ist die zweitwichtigste Erdöllagerstätte. Produktiv ist er vorwiegend im südlichen Teil der abgesunkenen Scholle entwickelt, wo er eine Mächtigkeit von mehr als 10 m erreicht. Nach N zu keilt er aus. Ähnlich dem 7. Horizont hat auch dieser Speicher eine Gaskappe. Die Länge seines produktiven Teils beträgt 4 km, seine maximale Breite 1 km.

Das Sarmat ist im Hrušky-Gebiet bisher nur erdgasführend angetroffen worden, und zwar vorwiegend im mittleren und im südlichen Teil der abgesunkenen Scholle. Hier existieren zwei getrennte Erdgaslagerstätten, die beide ebenfalls tektonisch begrenzt und an den Landshut—Hrušky-Bruch gebunden sind. Im Liegenden des tieferen der beiden Komplexe befinden sich in ihrer Ausdehnung beschränkte linsenförmige Gashorizonte von geringer Bedeutung. Der 12. bis 14. Erdgashorizont des Sarmats, dessen produktiver Teil eine Länge von etwa 6 km und eine maximale Breite von 1 km hat, bildet in Wirklichkeit einen einzigen Komplex. Er weist auf sehr kurze Entfernung starke fazielle Veränderungen auf, die sich auf die Permeabilität des Speichers ungünstig auswirken. Die maximale effektive Mächtigkeit des Komplexes beträgt 24 m. Der 8. Sarmatkomplex setzt sich aus drei Horizonten zusammen, von denen alle erdgasführend sind. Die Länge des produktiven Teils im

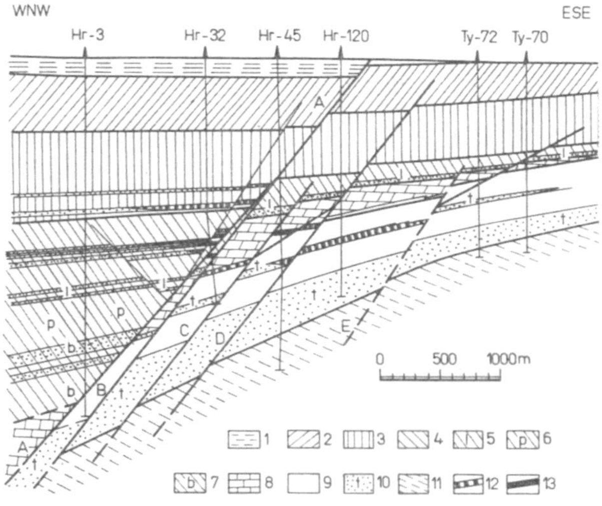

Abb. 2. Geologisches Profil des südlichen Teils der Lagerstätte Hrušky

1 — Pont; 2 — Pannon; 3 — Sarmat; 4 — Torton; 5 — Torton-Láb-Horizont; 6 — Torton, bunte Schichten der Žižkover Fazies; 7 — Torton, basale Schichten; 8 — Lanzendorfer Serie; 9 — Karpat; 10 — Karpat-Týnecer Sande; 11 — Lužicer Schichten; 12 — erdgasführende Teile der Horizonte; 13 — erdölführende Teile der Horizonte. Brüche: siehe Legende zu Abb. 1

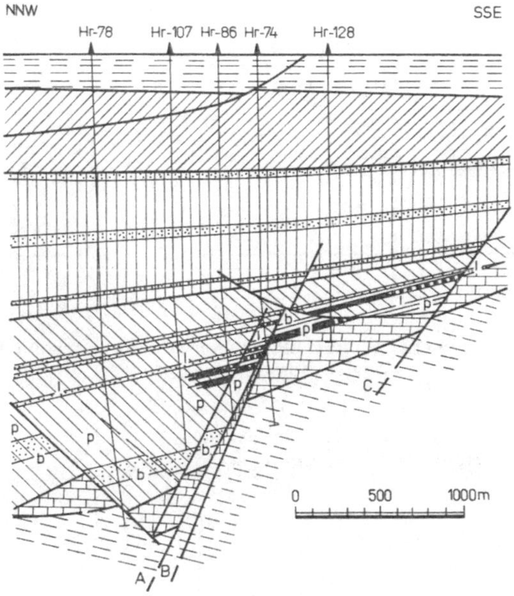

Abb. 3. Geologisches Profil des nördlichen Teils der Lagerstätte Hrušky

Legende siehe Abb. 1 und 2

höchsten Horizont beträgt mehr als 4 km, seine größte Breite 700 m. Die effektive Mächtigkeit der einzelnen Horizonte bewegt sich durchschnittlich um 2,5 bis 3 m, die größte Mächtigkeit wird mit 6 m erreicht.

4. Förderung

Die Produktionsbohrungen auf der Lagerstätte Hrušky, die gegenwärtig abgeschlossen werden, orientierten sich bisher auf den 6. bis 9. Tortonhorizont in der abgesunkenen Scholle. Die Fördersonden sind in Reihen angeordnet, deren Abstände zueinander rund 200 m betragen, während sich die Abstände zwischen den Sonden innerhalb der Reihen überwiegend im Bereich von 220 bis 250 m bewegen. Gegenwärtig werden die Tortonhorizonte im nördlichen Teil der Lagerstätte auf der westlichen und auf der östlichen Zwischenscholle für den Abbau vorbereitet.

Die Produktion aus jedem neuen Horizont oder aus einem Teil desselben wurde in Form einer Versuchsförderung begonnen, in deren Verlauf die hydrodynamische Erforschung des betreffenden Teils der Lagerstätte zur Durchführung kam. Erst nach der Einschätzung dieser Ergebnisse und nach der Bestimmung des optimalen Förderverhältnisses ging man zur regelmäßigen, normalen Förderung über. Der überwiegende Teil der Sonden wurde in den ersten Förderungsphasen eruptiv. Bei der Mehrzahl dieser mußte man mit fortschreitender Verringerung des Lagerstättendrucks auf Pumpenförderung übergehen. Zur Aufrechterhaltung der größtmöglichen Lagerstättenenergie und zugleich zur Erzielung einer wesentlichen Erhöhung der Lagerstättenergiebigkeit wurden bei dem 6. und 7. Tortonhorizont sekundäre Förderverfahren angewandt. Im nördlichen und südlichen Teil der abgesunkenen Scholle kamen Flutungsprojekte im Randwasserbereich zur Anwendung, während im mittleren Teil der Lagerstätte das Wasser in die Gaskappe des 7. Tortonhorizonts eingepreßt wird. Zur Beschleunigung der Förderung und zur Senkung der Gewinnungskosten wird in einigen ausgewählten Sonden die Verbundförderung eingeführt.

Auf diese Weise wurden bis Ende 1966 aus der Lagerstätte Hrušky insgesamt 291000 t Erdöl gewonnen. In diesem Jahr wird mit einer Förderung von etwa 82000 t Erdöl, mit leicht steigender Tendenz in den nächsten 3 Jahren, gerechnet. Für 1970 wird eine Produktion von 110000 t Erdöl erwartet. Außer Erdöl wird auf der Lagerstätte Hrušky auch Erdgas gewonnen, dessen gegenwärtige Jahresproduktion einschließlich der Nebengase bei 85 Mill. m³ liegt.

5. Die Perspektive der weiteren Erkundung

Die Erkundungsarbeiten auf der Lagerstätte Hrušky sind noch nicht abgeschlossen. Zu den lösenden vorrangigen Problemen gehört die Erkundung der Produktivität der Týnec-Sande und des basalen Horizonts der Lanzendorfer Serie am südlichen Westhang des Horstes und auf der Zwischenscholle von Hrušky. Hier ist außerdem auch noch das Torton und von diesem vor allem sein höchster Teil Gegenstand der Erkundung. Ferner muß die Produktivität der Tortonhorizonte geklärt werden, die im nördlichen Teil des Gebiets auf der westlichen, auf der östlichen und auf der Josefover Zwischenscholle als höffig befunden worden sind. Auf der abgesunkenen Scholle wird demnächst die Erkundung der Produktivität des 3. bis 5. Tortonkomplexes im mittleren Teil der Lagerstätte und des höheren Tortons am Südende der Hrušky-Struktur abgeschlossen. Erst nach Beendigung dieser Arbeiten wird es möglich sein, eine zusammenfassende Einschätzung der Erdöl- und Erdgasführung der Lagerstätte Hrušky vorzunehmen und eine Präzisierung der Perspektiven für ihren weiteren Abbau auszuarbeiten.

Erfassung des Grundwasservorrats bei Grundwasserabsenkungen

LOTHAR RICHTER, Berlin

1. Allgemeines

Um die Grundwasserfördermengen großräumig wirkender Entwässerungsanlagen, insbesondere des Bergbaus und großer Baugruben, exakt berechnen zu können, sind neben den Ergiebigkeitsbestimmungen genaue Ermittlungen der Absenkungsräume notwendig. Darüber hinaus können in Verbindung mit den Trichterwasservoluminaberechnungen Ermittlungen über die Reichweitenausdehnungen und die Entwässerungszeit durchgeführt werden. Diese Ermittlungen sind Bestandteil der hydrogeologisch-entwässerungstechnischen Projektierung. Sie dienen als Grundlage für die Vorausberechnung von Entwässerungsanlagen.

Die Voluminabetrachtungen sollen für vollkommene Fassungsanlagen und für Grundwasserleiter mit freiem Wasserspiegel erfolgen. Die hergeleiteten Beziehungen sind in Verbindung mit den bereits bekannten Absenkungsgleichungen anzuwenden (SIEMON 1958; RICHTER 1968).

Die vielfach in der Praxis angewendeten Voluminabeziehungen, die auf den Kegel bzw. den Kegelstumpf oder auf die Rotationsparabel zurückzuführen sind, sollen nicht erörtert werden, da sie sehr ungenaue Werte liefern und ihre Anwendung in der Praxis nicht mehr vertretbar ist.

Eingang des Manuskripts in der Redaktion: 27. 3. 1968.

2. Herleitungen der Voluminaformeln aus den Absenkungsgleichungen

Um die Voluminagleichungen herleiten zu können, sind die bereits bekannten Absenkungsgleichungen in Reihen zu entwickeln (SIEMON 1958; WEBER 1928; RICHTER 1968). Die Absenkungsgleichungen wurden von RICHTER (1968) ausführlich wiedergegeben. SIEMON (1958) gibt eine Übersicht über die Ableitungsmethode und die hergeleiteten Formeln zur Berechnung der Absenkungsräume und Trichterwassermengen für alle Berechnungsfälle (SIEMON 1958; RICHTER 1968) sowohl für die Grabenentnahme als auch für die Entnahme radial angeordneter Fassungsanlagen. Es sollen daher nur die Grundformeln wiedergegeben werden. Die bei hydrogeologischen Berechnungen von Grundwasserabsenkungen möglichen Berechnungsfälle, die sich durch die verschiedenen grundwasserhaushaltlichen Verhältnisse und Entnahmebedingungen aus dem statischen Vorrat ergeben, müssen als bekannt vorausgesetzt werden.

Für die Grabenentnahme lautet die allgemeine Gleichung für den Rauminhalt des trockengelegten Absenkungsraums (SIEMON 1958) (Abb. 1):

$$V = \frac{R_x^2}{12 k_f H} \cdot (6q - 4c_1 \cdot R_x \pm 3c_2 \cdot R_x^2) \cdot L \qquad (1)$$

Für radiale Absenkungsanlagen ohne Berücksichtigung der Innenfigur gilt in Anlehnung an SIEMON die allgemeine Gleichung für den Rauminhalt des trockengelegten Absenkungsraums (Abb. 2, Rotation der senkrecht schraffierten Fläche um die y-Achse)

$$V_1 = \frac{R_x^2}{2k_f H} \cdot \left[c_1 \cdot \frac{1}{2} \cdot \left(1 + 2 \cdot \frac{r_0^2}{R_x^2} \ln \frac{r_0}{R_x} - \frac{r_0^2}{R_x^2}\right) \pm c_2 \cdot \frac{R_x^2}{2}\left(\frac{1}{2} + \frac{r_0^4}{2 \cdot R_x^4} - \frac{r_0^2}{R_x^2}\right) \pm c_3 \cdot \frac{R_x^3}{3}\left(\frac{3}{5} + \frac{2}{5} \cdot \frac{r_0^5}{R_x^5} - \frac{r_0^2}{R_x^2}\right)\right] \qquad (2)$$

Bei Berücksichtigung der Innenfigur ergibt sich (Abb. 2, Rotation der waagerecht schraffierten Fläche um die y-Achse)

$$V_2 = V_1 + a\pi r_0^2 \cdot (H - h_0) \qquad (3)$$

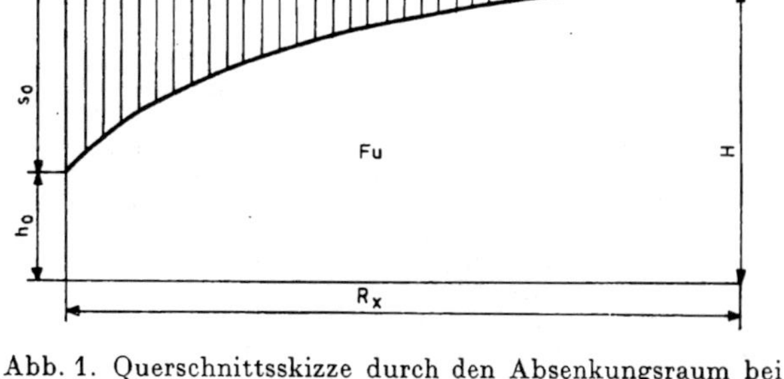

Abb. 1. Querschnittsskizze durch den Absenkungsraum bei der Grabenentnahme

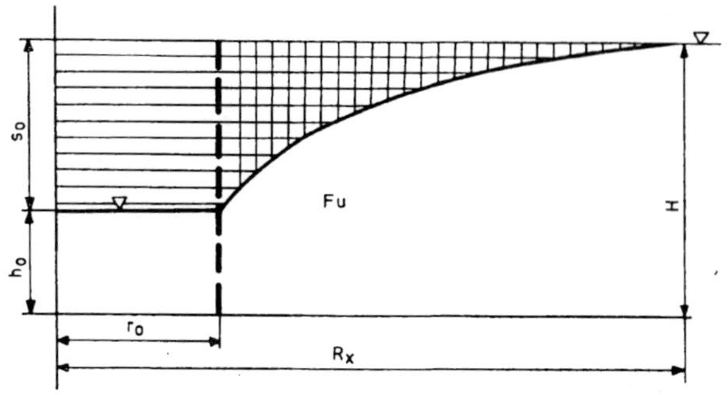

Abb. 2. Querschnittsskizze durch den Absenkungsraum bei radialen Fassungsanlagen

Die Trichterwassermengen errechnen sich zu

$$\left.\begin{aligned} W &= V \cdot p \\ W_1 &= V_1 \cdot p \\ W_2 &= V_2 \cdot p \end{aligned}\right\} \qquad (4)$$

In die Formeln (1) und (2) sind die von RICHTER (1968) angegebenen Größen c_1, c_2 und c_3 einzusetzen. Für den Fall des Beharrungszustandes ist für R_x die Grenzreichweite R_n zu setzen.

Die Formeln (1) bis (4) zur Bestimmung der Trichterwassermengen (Volumina) liefern nicht befriedigende Ergebnisse. Die Hinzunahme weiterer Glieder bei den entsprechenden Reihenentwicklungen gestaltet die Formeln unübersichtlich und verbessert die Rechenergebnisse nur unwesentlich. Eine Konvergenz dieser Reihen läßt sich nicht nachweisen.

Genaue Rechenergebnisse erhält man mit Gleichungen, die durch Integration der Grundwasserspiegelfunktionen gewonnen werden. Nach dieser Methode lassen sich nur Gleichungen für die Grabenentnahme für stationäre Strömungsverhältnisse und für das 2. Absenkungsstadium herleiten. Nachfolgend seien diese Beziehungen zur Bestimmung der Trichterwassermengen abgeleitet.

Berechnungsfall I

$$W = \left[R_x \cdot H - \frac{1}{2} R_x \cdot h_0 - \frac{1}{2}\sqrt{\frac{R_x \cdot k_f}{q}}\left(\frac{q \cdot R_x}{k_f} + h_0^2\right) \times \arcsin \frac{q}{\sqrt{q^2 + h_0^2 \frac{q \cdot k_f}{R_x}}}\right] L \cdot p \qquad (5)$$

Berechnungsfall II a

Anwendung der Formel (5)

Berechnungsfall II b

Anwendung der Formel (5). Für R_x ist R_n zu setzen.

Berechnungsfall IIIa

$$W = \Bigg\{ R_x \cdot H - \frac{1}{2} \cdot \frac{R_x \cdot q \cdot h_0}{q - q_Z} + \frac{1}{2}\,\frac{R_x \cdot q_Z}{q - q_Z}$$

$$\times \sqrt{h_0^2 + \frac{R_x}{k_f}(q + q_Z)} - \frac{1}{2}\sqrt{\frac{R_x \cdot k_f}{q - q_Z}}\left[\frac{R_x q^2}{k_f\,(q - q_Z)} + h_0^2\right]$$

$$\times \left[\arcsin \frac{q}{\sqrt{q^2 + \frac{h_0^2 \cdot k_f}{R_x} \cdot (q - q_Z)}}\right.$$

$$\left.\left. - \arcsin \frac{q_Z}{\sqrt{q^2 + \frac{h_0^2 \cdot k_f}{R_x} \cdot (q - q_Z)}}\right]\right\} \cdot L \cdot p \qquad (6)$$

Berechnungsfall IIIb

$$W = \Bigg\{ R_n \cdot H - \left[\frac{k_f}{3 q_Z} \cdot \sqrt{\left(\frac{2 q_Z \cdot R_n}{k_f} + h_0^2\right)^3}\right.$$

$$\left.\left. - \frac{k_f}{3 q_Z} \cdot h_0^3\right]\right\} \cdot L \cdot p \qquad (7)$$

Berechnungsfall IVa

$$W = \Bigg\{ R_x \cdot H - \frac{1}{2}\,\frac{(q_s \cdot R_x - q_E) R_x}{2 (q_s R_x + q - q_E)}$$

$$\times \sqrt{h_0^2 + \frac{R_x}{k_f}(q - q_s R_x + q_E)} - \frac{h_0}{2} \cdot \frac{q \cdot R_x}{q_s \cdot R_x + q - q_E}$$

$$- \frac{1}{2}\sqrt{\frac{k_f \cdot R_x}{q_s \cdot R_x + q - q_E}} \cdot \left[\frac{q^2 R_x}{k_f (q_s \cdot R_x + q - q_E)} + h_0^2\right]$$

$$\times \left[\arcsin \frac{q}{\sqrt{q^2 + \frac{h_0^2 \cdot k_f}{R_x} \cdot (q_s R_x + q - q_E)}}\right.$$

$$\left.\left. - \arcsin \frac{q_E - q_s \cdot R_x}{\sqrt{q^2 + \frac{h_0^2 \cdot k_f}{R_x} (q_s R_x + q - q_E)}}\right]\right\} \cdot L \cdot p \qquad (8)$$

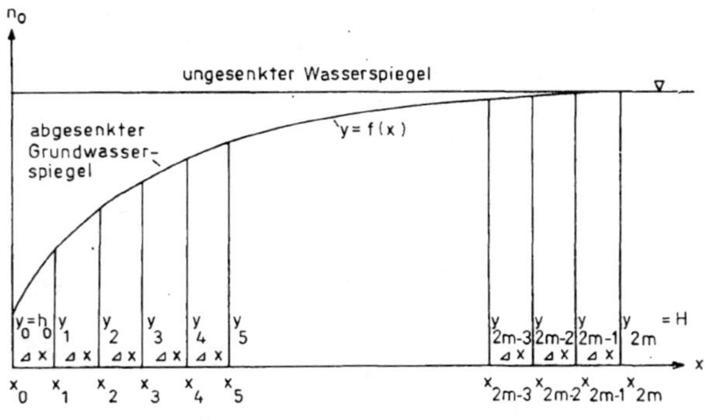

Abb. 3. Grundwasserspiegelkurve — Aufteilung der Fläche unterhalb der Absenkungskurve in Einzelflächen (Grobgliederung)

Berechnungsfall IVb

$$W = \left[R_n \cdot H - \frac{1}{2}\left(R_n - \frac{q_E}{q_s}\right)\sqrt{h_0^2 + \frac{2 q_E R_n}{k_f} - \frac{q_s R_n^2}{k_f}}\right.$$

$$- \frac{1}{2}\,h_0\,\frac{q_E}{q_s} + \frac{1}{2}\left(h_0^2 + \frac{q_E^2}{k_f \cdot q_s}\right)\sqrt{\frac{k_f}{q_s}}$$

$$\times \left(\arcsin \frac{q_E - q_s \cdot R_n}{\sqrt{q_E^2 + h_0^2 \cdot q_s \cdot k_f}}\right.$$

$$\left.\left. - \arcsin \frac{q_E}{\sqrt{q_E^2 + h_0^2 \cdot q_s \cdot k_f}}\right)\right] \cdot L \cdot p \qquad (9)$$

3. Numerische Näherungsmethoden

Da bei Trichterwassermengenberechnungen und bei Ermittlungen der Absenkungszeiten und Absenkungstrichterausdehnungen nur in wenigen Fällen auf die Gleichungen (5) bis (9), die exakte Ergebnisse liefern, zurückgegriffen werden kann, ist die Anwendung numerischer Rechenmethoden zu empfehlen. Mit numerischen Integrationsverfahren können entsprechend den praktischen Anforderungen hinreichend genaue Rechenergebnisse erzielt werden. Als Näherungsverfahren seien die Sehnen-Trapez-, die Tangenten-Trapez-Formel und das SIMPSONsche Näherungsverfahren genannt. Da mit der SIMPSONschen Regel durch die parabolische Angleichung (parabolische Trapeze) an die Absenkungskurve sehr genaue Ergebnisse erzielt werden, ist sie bei Volumina- bzw. Trichterwassermengenberechnungen den anderen Näherungsmethoden vorzuziehen.

Anwendung bei der Grabenentnahme

Die SIMPSONsche Regel gewinnt man durch die Mittelbildung aus dem Ergebnis M der Sehnen-Trapez-Formel und dem Ergebnis T der Tangenten-Trapez-Formel. Dabei wird dem Ergebnis M der Sehnen-Trapez-Formel gegenüber dem Ergebnis T der Tangenten-Trapez-Formel das doppelte Gewicht gegeben (RÜHS & SCHÖNERSTEDT 1962; PISKUNOW 1966).

Man erhält

$$F = \frac{2M + T}{3} \qquad (10)$$

Es können folgende Näherungsgleichungen bei Anwendung der SIMPSONschen Regel geschrieben werden (Abb. 3):

$$\left.\begin{aligned}
\int_{a=x_0}^{x_2} f(x)\,dx &\approx \frac{\Delta x}{3}\,(y_0 + 4y_1 + y_2) \\
\int_{x_2}^{x_4} f(x)\,dx &\approx \frac{\Delta x}{3}\,(y_2 + 4y_3 + y_4) \\
&\cdots\cdots\cdots\cdots\cdots \\
\int_{2m-2}^{x_{2m}=b} f(x)\,dx &\approx \frac{\Delta x}{3}\,(y_{2m-2} + 4y_{2m-1} + y_{2m})
\end{aligned}\right\} \qquad (11)$$

Für die Fläche unterhalb der Absenkungskurve kann folgende Gleichung abgeleitet werden:

$$Fu = \int_0^{R_x} f(x)\,dx \approx \frac{2\Delta x}{3}\left(\frac{h_0 + H}{2} + 2y_1 + y_2 + 2y_3 + y_4 + \cdots + 2y_{2m-1}\right) \qquad (12)$$

mit $\Delta x = \frac{b-a}{n}$, $\quad n = 2m$

Hierin bedeutet:
Δx — Schrittweite.

Zur Errechnung der Trichterwassermengen gilt

$$W \approx (R_x \cdot H - F_u) \cdot L \cdot p \qquad (13)$$

Die Formeln (11) bis (13) gelten für alle Berechnungsfälle. Zur Berechnung der Ordinaten dienen die entsprechenden Absenkungsgleichungen (RICHTER 1968). Je enger die Schrittweite Δx gewählt wird, um so genauer sind die Berechnungsergebnisse. Es empfiehlt sich, die Gesamtfläche unter der Spiegelkurve in verschiedene Teilintervalle zu unterteilen. Dabei sind die Δx-Abstände, von der Entfernung R_x ausgehend, in Richtung Fassungsrand ständig zu verkleinern, so daß die engsten Abschnitte am Fassungsrand im Bereich der größten Krümmung der Absenkungsparabel festgelegt werden sollten (Abb. 4).

Gemäß Abb. 4 erhält man, unter Anwendung von (11), die Gleichung

$$\Delta Fu = \int_{x_0}^{x_2} f(x)\,dx \approx \frac{x_2 - x_0}{6}(y_0 + 4y_1 + y_2) \qquad (14)$$

Die Gesamtfläche unterhalb der Absenkungskurve ergibt sich aus der Summation der Teilflächen.

$$Fu = \sum_1^n \Delta Fu \qquad (15)$$

Zur Bestimmung der Trichterwassermengen gilt

$$W \approx (R_x \cdot H - \sum_1^n \Delta Fu) \cdot L \cdot p \qquad (16)$$

Anwendung bei radialen Absenkungsanlagen

Das Volumen des Rotationskörpers läßt sich durch die Anwendung der GULDINschen Regel ermitteln.

$$V_{\text{Rot}} = 2 \cdot \pi \cdot F \cdot x_s \qquad (17)$$

x_s ist die x-Koordinate des Schwerpunktes. Es ist

$$x_s = \frac{M_y}{F} \qquad (18)$$

$$M_y = \int_a^b x \cdot y \cdot dx \qquad (19)$$

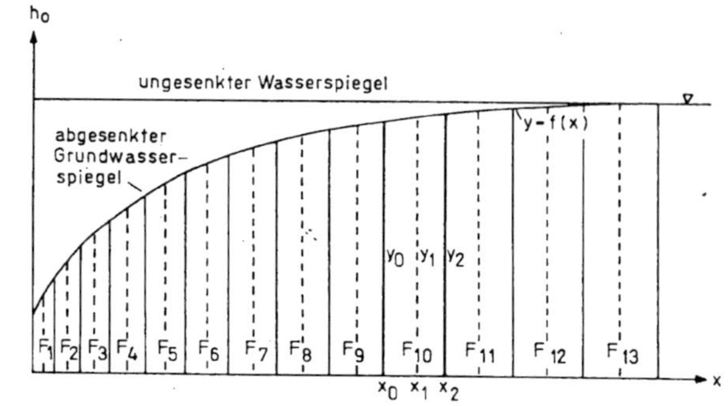

Abb. 4. Grundwasserspiegelkurve — Aufteilung der Fläche unterhalb der Absenkungskurve in Einzelflächen (Feingliederung)

Bezogen auf die Fläche unterhalb der Absenkungskurve ergibt sich

$$x_s = \frac{\int_{r_0}^{R_x} x \cdot y \cdot dx}{Fu} \qquad (20)$$

Für die Berechnung von Fu werden die Beziehungen (12) oder (15) in Verbindung mit (14) angewendet. Die Lösung des Integrals in Gleichung (20) erhält man durch die abermalige Anwendung der SIMPSONschen Regel. Bei der Einbeziehung der Gleichung (12) in den Rechengang kann folgende Gleichung für das statische Moment der gesamten Fläche geschrieben werden:

$$M_{yR} \approx \frac{2\Delta x}{3}\left(\frac{r_0 \cdot h_0 + R_x \cdot H}{2} + 2x_1 \cdot y_1 + x_2 \cdot y_2 + 2x_3 \cdot y_3 + x_4 \cdot y_4 + \cdots + 2x_{2m-1} \cdot y_{2m-1}\right) \qquad (21)$$

Unter Verwendung von Gleichung (14) erhält man die allgemeine Form

$$M_y \approx \frac{x_2 - x_0}{6}(x_0 \cdot y_0 + 4x_1 \cdot y_1 + x_2 \cdot y_2) \qquad (22)$$

Das statische Moment der gesamten Fläche ist dann

$$M_{yR} = \sum_1^n M_y \qquad (23)$$

Somit können die Trichterwassermengen aus dem Senkungstrichter einer radialen Absenkungsanlage ohne Berücksichtigung der Innenfigur mit der Formel

$$W_1 \approx [\pi(R_x^2 \cdot H - r_0^2 \cdot h_0) - V_{\text{Rot}}]\, a \cdot p \qquad (24)$$

berechnet werden. Bei Berücksichtigung der Innenfigur gilt

$$W_2 \approx W_1 + a \cdot \pi \cdot r_0^2(H - h_0) \cdot p \qquad (25)$$

4. Berechnung der Absenkungszeit

Wird die vereinfachende Annahme getroffen, daß sich die Ausdehnung des Absenkungstrichters schrittweise vollzieht, die Absenkung ebenfalls als Folge einer

Vielzahl von Absenkungsschritten angesehen werden kann, so kann der gesamte Absenkungsvorgang abschnittsweise erfaßt werden. Je kleiner die Berechnungsabschnitte (räumlich bzw. zeitlich gesehen) gewählt werden, um so genauer wird das Gesamtergebnis, das sich aus der Summation der Einzelergebnisse ergibt. Jeder Ansatz der obenangegebenen hydrogeologischen Gleichungen hat für einen bestimmten Zeitpunkt innerhalb der gesamten Absenkungsphase Gültigkeit. Es werden für einen bestimmten Zeitpunkt (Absenkungszustand) entsprechende stationäre Strömungsverhältnisse widergespiegelt. Durch die schrittweise Erfassung und die Summation von Δt_i kann in Annäherung ein nichtstationärer Fließvorgang nachgebildet werden.

Es gilt (SIEMON 1958):

$$\Delta t_i = \frac{W_{i+1} - W_i}{\overline{Q_{Vi}}} \qquad (26)$$

Die gesamte Absenkungsdauer ist dann

$$T = \sum_{i=1}^{n} \Delta t_i \qquad (27)$$

Gleichzeitig lassen sich mit diesen Gleichungen die Reichweitenentwicklungen als Funktion der Zeit darstellen (SIEMON 1958; RICHTER u. a. 1966).

Für die Ermittlung von W_i bzw. W_{i+1} dienen die in den vorangegangenen Abschnitten dargestellten Gleichungen. Die Beziehungen für Q_V sind der bereits mehrfach zitierten Veröffentlichung von RICHTER (1968) zu entnehmen. In Annäherung kann für Q_V folgende Mittelwertbildung vorgenommen werden:

$$\overline{Q_{V_i}} = \frac{Q_{V_{i+1}} + Q_{V_i}}{2} \qquad (28)$$

5. Schlußbetrachtungen

Die Anwendung der dargestellten hydrogeologischen Gleichungen erfordert einen hohen manuellen Aufwand. Das betrifft speziell die Ermittlung der Trichterwassermengen auf der Grundlage der SIMPSONschen Regel und die Berechnung der Absenkungszeiten. Durch den Einsatz elektronischer Datenverarbeitungsanlagen lassen sich die Berechnungen rationell und mit einer sehr großen Genauigkeit gestalten (RICHTER, BISCHOFF & SCHMIDT 1966). Die Anwendung der numerischen Näherungsmethoden ist besonders vorteilhaft, wenn in dem zu untersuchenden Grundwasserleiter horizontal gelagerte wasserundurchlässige oder -schwerdurchlässige Schichten vorhanden und diese bei den Voluminaermittlungen auszuhalten sind. Bisher konnten derartige Lagerungsverhältnisse mit den üblichen Berechnungsmethoden nicht berücksichtigt werden. Durch die Aushaltung bindiger Schichten im Absenkungsraum können die hydrogeologischen Berechnungen den geologischen Ablagerungsverhältnissen weitestgehend angepaßt werden.

6. Hydrogeologische und geometrische Größen und ihre Dimensionen

Die in den hydrogeologischen Gleichungen und Abbildungen verwendeten Symbole bedeuten:

- α — Sektorenwinkel [°];
- a — Verhältnis des Kreissegments zur Vollkreisfläche (α:360°) [—];
- F — Durchflußfläche (oder allgemein Fläche) in m^2;
- Fu — Fläche unterhalb der Absenkungskurve in m^2;
- H — Höhe des Ruhegrundwasserspiegels über der undurchlässigen Schicht in m;
- h_0 — Höhe des abgesenkten Grundwasserspiegels über der undurchlässigen Schicht in m;
- k_f — Durchlässigkeitsbeiwert in m/s;
- L — Länge (Breite) des Fassungsabschnitts in m;
- p — nutzbares Porenvolumen [—];
- Q — Grundwasserfördermenge (Gesamtfördermenge) in m^3/s;
- Q_V Grundwasserentnahme aus dem statischen Grundwasservorrat (Trichterwasserfördermenge) in m^3/s;
- q — Grundwasserfördermenge (Gesamtfördermenge) bei der einseitigen Entnahme eines Entwässerungsgrabens, einer Sickergalerie usw. in m^3/s, bezogen auf 1 m Fassungsbreite;
- q_V — Grundwasserentnahme aus dem statischen Grundwasservorrat (Trichterwasserfördermenge) bei der einseitigen Entnahme eines Sickergrabens usw. in m^3/s, bezogen auf 1 m Fassungsbreite;
- q_s — Versickerungsspende in $m^3/s \cdot m^2$;
- R_x — Absenkungsreichweite bei nichtabgeschlossenem Absenkungsvorgang in m (bei radialen Absenkungsanlagen, Fassungssektoren usw., gemessen vom Mittelpunkt der Anlage);
- R_n — Absenkungsreichweite beim Beharrungszustand in m (bei radialen Absenkungsanlagen, Fassungssektoren usw., gemessen vom Mittelpunkt der Anlage);
- r_0 — Radius der Absenkungsanlage (Innenradius) in m;
- s_0 — Absenkung des Ruhegrundwasserspiegels in m;
- T — Zeitdauer der Absenkung in sec (in Tagen...);
- Δt_i — Zeitabschnitt innerhalb des Absenkungszeitraums in sec (in Tagen...);
- V — Volumen des trockengelegten Absenkungsraums in m^3;
- W — Wasserinhalt des trockengelegten Absenkungsraums in m^3;
- x, y — Koordinaten eines beliebigen Punktes auf der Absenkungslinie;
- q_E, q_Z — siehe RICHTER (1968)

Zusammenfassung

Es wird eine Übersicht über hydrogeologische Berechnungsverfahren gegeben, die zur Ermittlung der Trichterwasservolumina großer Wasserhaltungen und Entwässerungsanlagen von Tagebauen dienen. Es werden Voluminagleichungen hergeleitet, die durch die Integration der Absenkungskurve in geschlossener Form bzw. durch numerische Lösungsverfahren gewonnen werden können. Mit diesen Gleichungen können gegenüber den bisher bekannten Beziehungen weit bessere, mit der Praxis übereinstimmende Ergebnisse erzielt werden. Die dargestellten Beziehungen dienen gleichzeitig als Ausgangsformeln für Reichweitenermittlungen und Entwässerungszeitbestimmungen.

Резюме

Дается обзор о гидрогеологических методах подсчета, которые служат для определения объема воды, откаченной из депрессионной воронки крупных водоотливов и дренажных сооружений в карьерах. Составляются уравнения объемов, которые получаются в результате интеграции кривых падения в закрытой форме или в результате метода исчислений. С этими уравнениями могли быть получены по сравнению с до сих пор известными соотношениями лучшие, увязываемые с практикой результаты. Указанные связи служат одновременно исходными формулами для выяснения радиуса действия и для определения времени дренажа.

Summary

The author reviews hydrogeological methods for calculating funnel-water volumes of large pumping stations and drainage works in opencast mines. Equations are derived which can be obtained respectively by integrating the lowering curve in closed form and numerical methods of solution. By these equations by far better results which are in accord with practical operation can be obtained as against relations so far known. At the same time, these relations serve as basic formulas for determining ranges and drainage times.

Literatur

PISKUNOW, N. S.: Differential- und Integralrechnung. – Leipzig 1966.
RICHTER, L.: Hydrogeologische Gleichungen zur Ermittlung der Grundwasserentnahmemengen bei der Entwässerung von Tagebauen und großen Baugruben. – Z. angew. Geol., 14, H. 9, S. 465 – 470, Berlin 1968.
– Die Ermittlung von Abständen paralleler Entwässerungsstrecken und Filterbrunnenreihen bei Tagebauentwässerungen. – Z. angew. Geol., 14, H. 8, S. 420–429, Berlin 1968.
RÜHS, F., & J. SCHÖNERSTEDT: Höhere Mathematik. 14. Lehrbrief, Fernstudium. – Bergakademie Freiberg 1962.
RICHTER, L., P. BISCHOFF & J. SCHMIDT: Rechenprogramm zur Ermittlung der Grubenwasserfördermengen unter Berücksichtigung des Grundwasserhaushaltes. – Unveröff. PNT-Thema, VEB PKB „Kohle", Berlin 1966.
SIEMON, H.: Berechnung von Grundwasserabsenkungen unter Berücksichtigung des Grundwasserhaushaltes. – Düsseldorf 1958.
WEBER, H.: Die Reichweite von Grundwasserabsenkungen mittels Rohrbrunnen. – Verl. Julius Springer, Berlin 1928.

Ziel und Methode lagerstättentektonischer Untersuchungen und die Anwendung ihrer Ergebnisse bei der Suche und Erkundung von Ganglagerstätten

JOACHIM HOFMANN, Freiberg (Sa.)

(Mitteilung Nr. 206 aus dem Institut für Geologie der Bergakademie Freiberg)

1. Einleitung

Ganglagerstätten sind an Flächensysteme tektonischer oder intrusionstektonischer Natur mit Tendenz zur Spaltenöffnung durch Zug- oder Schermechanismus sowie an das Auftreten mineralisierender Lösungen, vorwiegend hydrothermalen Charakters, gebunden. Ganglagerstätten können demnach mit Erfolg nur dort vermutet oder gesucht werden, wo beide Voraussetzungen, wenn auch in quantitativer Abstufung, erfüllt sind. Aus dieser Überlegung ergibt sich für die geowissenschaftlichen Disziplinen bei der Suche und Erkundung von Ganglagerstätten folgende Aufgabenstellung:

a) Feststellung und Verfolgung auftretender Mineralisationen in qualitativer, quantitativer und räumlicher Hinsicht sowie Ermittlung ihrer Altersstellung unter Anwendung mineralogisch-paragenetischer, geochemischer, isotopengeochemischer und geophysikalischer Methoden.

b) Ermittlung und Verfolgung der mit der Mineralisation in genetischer und zeitlicher Verbindung stehenden Flächensysteme und ihres mechanischen Charakters mit Hilfe petrographischer, stratigraphischer sowie spezieller tektonischer und geophysikalischer Kartierungsverfahren.

Eine Rangordnung innerhalb beider Aufgabenbereiche aufzustellen, ist unzweckmäßig, da sie inhaltlich im Sinn einer dialektischen Einheit eng miteinander verbunden sind. Hier sollen vor allem die Aufgaben der Tektonik umrissen werden.

2. Tektonische Untersuchungen in Ganglagerstätten und ihre Ziele

Ganglagerstätten entsprechen den Forderungen modernen Bergbaus nach dem Abbau leicht gewinnbarer, d. h. im Tagebau mit Hilfe von Großgeräten zu lösender und zu fördernder Rohstoffe nur in seltenen Fällen. Unregelmäßige Ausbildung der Gänge, stark absetzige Mineralisation bei meist geringen Gangmächtigkeiten und ein relativ kleiner, in der Regel jedoch hochwertiger und beim Abbau vor Verdünnung oder Verschmutzung zu schützender Lagerstätteninhalt lassen eine konstante und hohe Förderung nur in seltenen Fällen auch über längere Zeit zu. Durch tektonische Zerstückelung wird der Wert der Lagerstätte häufig erheblich gemindert und der Bergbau mit zusätzlichen Kosten belastet.

Bei der Suche, der Erkundung und dem Abbau von Ganglagerstätten werden an die tektonische Forschung als wichtige Teildisziplin der Lagerstätten- und Erkundungsgeologie hohe Anforderungen gestellt: Innerhalb ausgedehnter Störungssysteme mit weitverbreiteter, in der Regel jedoch unbauwürdiger Mineralisation sind jene Bereiche auszugliedern, in denen mit der Bildung größerer Spaltenräume und, bei entsprechenden paragenetischen Voraussetzungen, mit dem Auftreten bauwürdiger Mineralkörper zu rechnen ist. In diesen Bereichen kann dann eine gezielte Suche und Erkundung mit hohen Erfolgsaussichten durchgeführt werden.

Auf die Bedeutung tektonischer Untersuchungen bei der Suche und Erkundung von Ganglagerstätten ist in zahlreichen Arbeiten allgemeinen und speziellen Charakters wiederholt hingewiesen worden, so unter anderem von H. SCHNEIDERHÖHN, O. OELSNER, N. M. MAGNUSSON, F. I. WOLFSON, E. CLAR, W. BIERTHER, M. RICHTER, J. HOFMANN und A. WATZNAUER.

Methodisch wird dieses Ziel durch die Aufnahme sämtlicher tektonischer Erscheinungen der Lagerstätte erreicht, d. h. nicht allein der bauwürdigen oder mineralisierten Gangteile, sondern sämtlicher mit ihr genetisch bzw. mechanisch verbundenen Elemente. Petrographie und Tektonik des Rahmens der Lagerstätte sind dabei so weit zu erfassen, daß ihr Einfluß auf Gangverlauf und -ausbildung erklärt werden kann. Eine tektonisch-mechanische Definition der Lagerstätte kann ebenfalls nur unter Berücksichtigung von Anisotropieeffekten des Lagerstättenrahmens durchgeführt werden.

Eingang des Manuskripts in der Redaktion: 30. 11. 1967.

Erster Teil eines Vortrags auf der Tagung „Die Spatlagerstätten des Südostharzes" des Fachverbandes "Mineralogie" der Deutschen Gesellschaft für Geologische Wissenschaften am 19. Oktober 1967 in Nordhausen. Die Ergebnisse lagerstättentektonischer Untersuchungen in der Fluoritlagerstätte Rottleberode (Südharz) werden in einer weiteren Publikation in dieser Zeitschrift gebracht.

Insgesamt müssen folgende Aufgaben gelöst werden:

a) tektonische Kartierung der Lagerstätte durch Aufnahme sämtlicher genetisch mit ihr verbundenen (mineralisierten und nichtmineralisierten) Bewegungsflächen. Dabei sollte eine weitgehende räumliche Vollständigkeit der Kartierung angestrebt werden;

b) Erfassung von Regel- und Gesetzmäßigkeiten in der Anordnung und Ausbildung von Bewegungsflächen und Gängen;

c) Studium des Nebengesteinseinflusses auf die Raumlage und die Ausbildung der Gänge;

d) Klärung der Lagebeziehungen zwischen Elementen der Lagerstättentektonik einerseits und denen der Nebengesteinstektonik andererseits;

e) Analyse der Altersbeziehungen zwischen der Lagerstätte und jüngeren oder älteren, nicht mit ihr in genetischer oder zeitlicher Verbindung stehenden Störungen;

f) tektonisch-mechanische Definition der Lagerstätte;

g) regionalgeologische Definition der Lagerstätte.

Dieses Programm stellt eine Maximalforderung dar, die entsprechend der durch die Suche und Erkundung gegebenen Aufgabenstellung modifiziert, vertieft oder auch vereinfacht werden kann.

3. Durchführung tektonischer Untersuchungen in Ganglagerstätten

Lagerstättentektonische Untersuchungen können nicht isoliert vom Prozeß der Such- und Erkundungsarbeiten durchgeführt werden. Sie sind Bestandteil der Such- und Erkundungsmethodik. Die Dokumentation sämtlicher in Betracht kommenden vorhandenen oder neuzuschaffenden Aufschlüsse unter tektonischem Aspekt ist demnach Voraussetzung für die Durchführung lagerstättentektonischer Untersuchungen. Im Falle der vom Grubenbetrieb geführten geologischen Suche und Erkundung (Nacherkundung i. S. von F. STAMMBERGER 1967) ist diese Aufgabe vom Betrieb selbst zu lösen.

Tabelle. Entwurf eines Dokumentationsschemas für eine Ganglagerstätte vom Typ Rottleberode (Harz)

Aufschluß-Nr.:
Koordinaten:
Lage:
Bereichsumfang:

1.0. Gang
- 1.1. Ganglage
- 1.2. Gangausbildung
- 1.3. Mächtigkeit
- 1.4. Schleppungen am Gang
- 1.5. Rillung auf den Salbändern
- 1.6. Mineralisation
- 1.7. Struktur
- 1.8. Klüftung oder Störungen im Gang

2.0. Nebengestein
- 2.1. Petrographie
- 2.2. Stratigraphie
- 2.3. Hydrothermale Veränderungen
- 2.4. Schichtung
- 2.5. Schieferung
- 2.6. Faltenachsen
- 2.7. Lineation(en)
- 2.8. Klüftung

3.0. Störungen
- 3.1. Altersbezeichnung zum Gang und zueinander
- 3.2. Raumlage
- 3.3. Ausbildung
- 3.4. Rillung(en) oder Schleppung(en)
- 3.5. Bewegungsrichtung(en)
- 3.6. Mineralisation
- 3.7. Letten
- 3.8. Wasser

4.0. Dokumentation
- 4.1. Kartierung
- 4.2. Profil
- 4.3. Foto
- 4.4. Gefügediagramm
- 4.5. Kluftdiagramm
- 4.6. Belegstück
- 4.7. Orientierte Probe
- 4.8. Probenahme
- 4.9. Dünnschliff

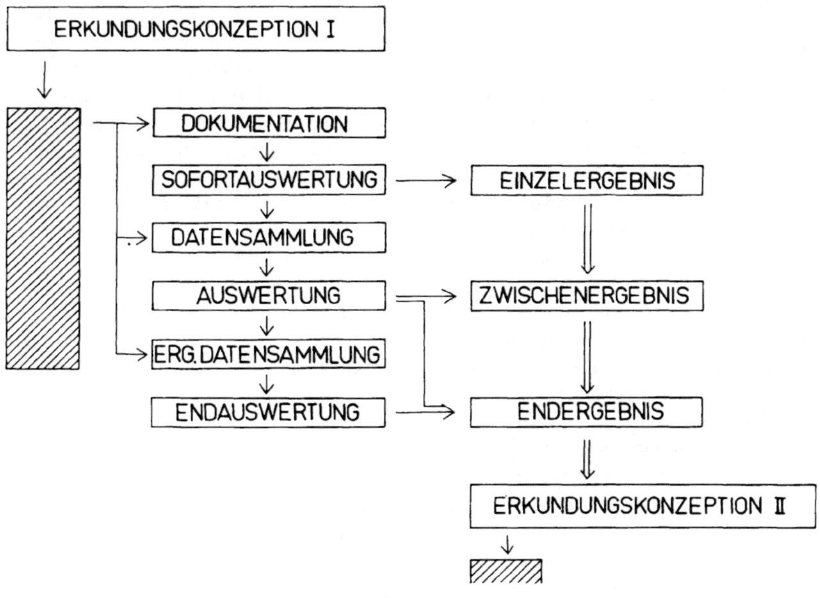

Abb. 1

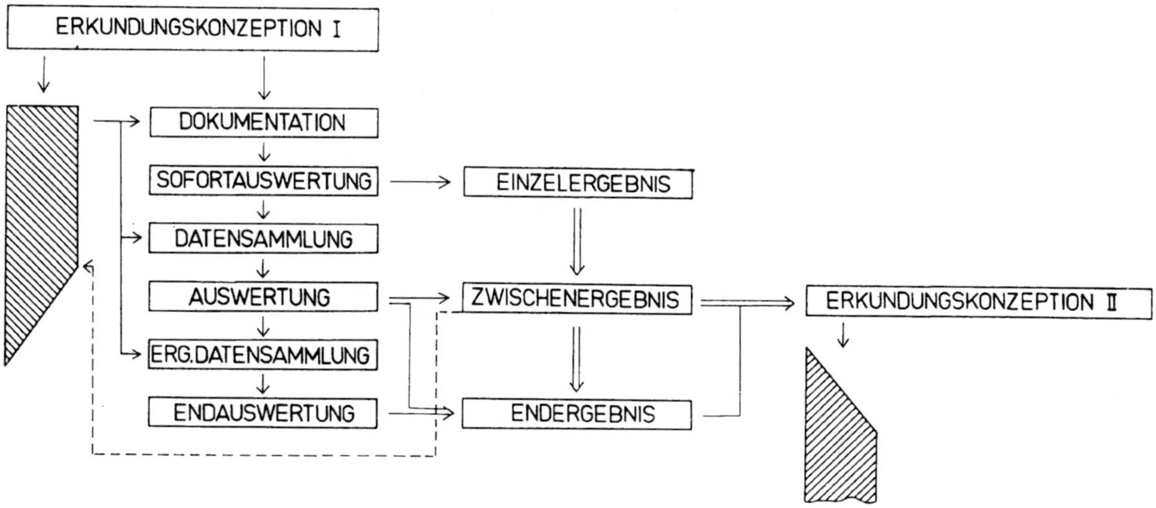

Abb. 2

Die Aufnahme einer Dokumentation mit tektonischer Fragestellung erfordert zunächst eine kritische Auseinandersetzung mit der Methode der bisher betriebenen Dokumentation. Die in den Betrieben eingeführten Kartierungs- und Dokumentationsschemata sind meist nur auf die Erfassung von Ganglage, Gangfüllung und Gangmächtigkeit sowie auf die grobquantitative Schätzung des Ganginhalts abgestellt. Die Sammlung tektonischer Daten in statistisch verwertbaren Mengen — und nur durch sie können zuverlässige Aussagen erzielt werden — setzt deshalb die Einführung neuer bzw. die Erweiterung vorhandener Dokumentationsschemata und eine entsprechende Qualifizierung sämtlicher mit der Dokumentation beauftragten Kräfte voraus.

In der praktischen Durchführung empfehlen sich einheitliche, logisch gegliederte Schemata, die auf die Belange einer Lagerstätte oder eines Lagerstättentyps abgestellt sind und anhand deren eine Dokumentation relativ zeitsparend und unter weitgehender Vermeidung subjektiver Faktoren erfolgen kann. Die Tabelle zeigt den Entwurf eines Dokumentationsschemas, das auf die Verhältnisse einer Fluorit-Ganglagerstätte vom Typ Rottleberode (Harz) abgestellt ist. Die Sammlung und Ordnung der Ergebnisse kann als Ausgangspunkt für eine weitere Bearbeitung in einem Lochkartensystem erfolgen. Auf dem Gebiet der Betriebs- und Lagerstättengeologie hat sich die Anwendung der Lochkarte zur Datenspeicherung in den letzten Jahren wiederholt bewährt (W. J. FINCH 1957, H. K. HELFRICH 1965, R. M. KONSTANTINOW 1967). Systeme mit einem Umfang bis zu 10000 Karten lassen sich dabei ohne Verwendung kostenaufwendiger Sortiermaschinen manuell leicht beherrschen. Mit höheren Kartenzahlen ist in dem hier behandelten Rahmen nicht zu rechnen. Durch die Anlage von „Tochtersystemen“ lassen sich außerdem Überschreitungen der obengenannten Höchstzahl vermeiden. Die Gestaltung der Lochkarten kann nach den jeweils spezifischen Verhältnissen im Betrieb selbst durchgeführt werden.

Die Dokumentation wird damit von der traditionellen Methode der bildlichen und beschreibenden Fixierung lagerstättentektonisch wichtiger Erscheinungen auf eine exaktmessende Erfassung tektonischer Elemente umgestellt. Die Rekonstruktion einer tektonischen Situation ist damit jederzeit möglich. Außerdem stehen die aufgenommenen Daten für weitere Auswertungen nach Aspekten zur Verfügung, die zur Zeit der Dokumentation unbekannt oder noch nicht aktuell waren.

Diese an sich unkomplizierte, wenn auch vergleichsweise arbeitsaufwendige, Dokumentation ist jedoch in ihrer Aussagekraft durch mehrere ungünstige Faktoren vorbelastet. Die Erfahrungen zeigen, daß tektonische Untersuchungen in einer Lagestätte häufig gefordert werden, wenn sich Betriebsgeschehen oder Vorratslage komplizieren. Meist sind dann die ursprünglich bekannten, oft jahrhundertelang gebauten Lagerstättenteile weitgehend erschöpft. Die sich aus dieser Situation ergebende Forderung nach dem Aufschluß neuer Lagerstättenteile stößt oft auf Schwierigkeiten, da die bisher verwendeten, empirisch ermittelten tektonischen Suchkriterien aus dem abgebauten Teil der Lagerstätte abgeleitet wurden und sich nicht oder nur in beschränktem Maße auf die Suche weiterer Lagerstättenteile anwenden lassen. Weiterhin wurde eine regelmäßige, wenn auch nicht auf tektonische Belange ausgerichtete Dokumentation in den meisten Ganglagerstätten der DDR erst seit 1945 betrieben. Folglich fehlt teilweise sogar ein bestimmter Grundbestand an tektonischen Fakten. Der Kenntnisstand über die abgebauten Lagerstättenteile beschränkt sich dann in günstigsten Fällen auf die Kontur und die Raumlage der abgebauten Gänge und Gangteile.

Der Übergang zu einer auf lagerstättentektonische Fragestellung ausgerichteten Dokumentation wird deshalb in der Regel von einer tektonischen Übersichtskartierung der noch befahrbaren Grubenbaue eingeleitet. Die gewonnenen Ergebnisse müssen jedoch hinsichtlich ihrer weiteren Verwendung zunächst vorsichtig interpretiert werden, weil sie nur aus Teilbereichen der Lagerstätte (oder Teilen von Teilbereichen) abgeleitet wurden und durch die folgenden Such- und Erkundungsarbeiten auf ihre Aussagekraft und Übertragbarkeit auf andere Bereiche der Lagerstätte zu überprüfen sind.

Wesentlich für die Durchführung lagerstättentektonischer Untersuchungen und die Anwendung ihrer Ergebnisse ist die Beachtung von Dokumentationsdichte und Bereichsgröße. Unter dem Begriff der „Dokumentationsdichte" kann die Anzahl der Dokumentationspunkte in einem beliebigen Raum der Lagerstätte verstanden werden, aus der eine bestimmte lagerstättentektonische Situation zuverlässig und zweifelsfrei rekonstruiert werden kann. Der Begriff der Dokumentationsdichte ist in gewisser Hinsicht mit der „optimalen Aufschlußzahl" F. STAMMBERGERS (1966) vergleichbar. Ihre Größe muß vorerst empirisch ermittelt werden. Die Beachtung dieses Begriffes verhindert eine Überdokumentation, d. h. eine zusätzliche Datensammlung, deren Auswertung ein gewonnenes Bild lediglich bestätigt, seine Aussagequalität jedoch nicht erhöht. Die „Bereichsgröße" beeinflußt den Dokumentationsaufwand ebenfalls entscheidend. Sie kann mit dem Begriff des aus der Gefügekunde bekannten „homogenen Bereiches" i. S. von B. SANDER gleichgesetzt werden. Innerhalb eines lagerstättentektonisch homogenen Bereichs bleibt die Dokumentationsdichte konstant. Sicheres Erkennen von homogenen Bereichen innerhalb einer Lagerstätte und ihre Abgrenzung verhindern folglich eine „Überdokumentation" und mithin überflüssigen materiellen und technischen Aufwand bei der Suche und Erkundung.

4. Anwendung tektonischer Ergebnisse bei Such- und Erkundungsarbeiten

Die gewonnenen Ergebnisse finden Anwendung bei der Projektierung und Durchführung von Such- und Erkundungsarbeiten. Ihre Richtigkeit wird durch den erzielten Erfolg bestätigt.

Die operative Anwendung tektonischer Ergebnisse in der Suche und Erkundung erfordert, bedingt durch ihre Einstellung auf die jeweilige Bereichsgröße, eine elastische Projektierung und eine bewegliche Durchführung der technischen Arbeiten.

Abb. 1 und 2 zeigen in schematischer Darstellung die Beziehungen zwischen einer Erkundungskonzeption und der technischen Durchführung von Such- und Erkundungsarbeiten sowie Dokumentation und Ergebnisbildung. In der Handhabung der Schemata ergeben sich zwei grundsätzliche Möglichkeiten:

a) Die auf der Grundlage der ursprünglichen Erkundungskonzeption projektierten technischen Arbeiten werden, unbeeinflußt von den anfallenden Fakten und den daraus abgeleiteten Ergebnissen, im geplanten Umfang durchgeführt. Aus den Ergebnissen der Such- und Erkundungsarbeiten wird eine neue Erkundungskonzeption formuliert, die gegenüber der ursprünglichen eine höhere Aussagekraft besitzt. Auf dieser Grundlage können weitere technische Arbeiten für die Suche oder Erkundung projektiert werden. Eine unmittelbare (einschränkende oder verändernde) Rückwirkung der Ergebnisse auf die laufenden Arbeiten tritt nicht ein.

Diese Möglichkeit wird durch hohe (oft überbetonte) Aufschlußdichte, d. h. geringes Risiko, hohen Zeit- und Mittelaufwand sowie längere Pausen zwischen den einzelnen Etappen der Suche und Erkundung charakterisiert.

b) Die Ergebnisse der Such- oder Erkundungsarbeiten wirken direkt auf deren Ablauf ein und führen zu einer gleitenden Überführung der Erkundungskonzeption I in die Erkundungskonzeption II. Die technischen Arbeiten werden dabei der neuen Erkundungskonzeption, d. h. dem jeweiligen Erkenntnisstand, angepaßt. Die erzielten Ergebnisse („Zwischenergebnisse") wirken verändernd bzw. einschränkend auf die laufenden technischen Arbeiten ein.

Die Vorteile dieser Möglichkeit liegen in Zeit- und Mitteleinsparungen. Die mit der zweiten Möglichkeit zwangsläufig verbundene geringere Aufschlußdichte muß durch einen höheren Aufwand in der wissenschaftlichen Bearbeitung ausgeglichen werden. Wenn F. STAMMBERGER (1966, S. 24) schreibt: „Es wird oft übersehen, daß auf längere Sicht eine Erhöhung des Umfangs und der Tiefe wissenschaftlicher Bearbeitungen zu beträchtlichen Einsparungen bei den materiellen Aufwendungen und damit zu einer allgemeinen Kostensenkung führt", dann trifft diese Feststellung auf die hier geschilderte Möglichkeit zweifellos zu.

5. Die technische Durchführung von Such- und Erkundungsarbeiten

Bei der technischen Durchführung von Such- und Erkundungsarbeiten kann zwischen Bohrungen und bergmännischen Untersuchungen gewählt werden. Ersteren wird bei der Suche und Erkundung von Gängen allgemein eine geringere Aussagekraft zugeschrieben (s. a. F. STAMMBERGER 1966, S. 55ff.). Im mitteleuropäischen Gangbergbau stellen bergmännische Untersuchungen die traditionelle Methode betrieblicher Such- und Erkundungsarbeiten dar. Der im Vergleich zu Bohrungen erforderliche finanzielle Mehraufwand wird durch die höhere Aussagekraft der geschaffenen

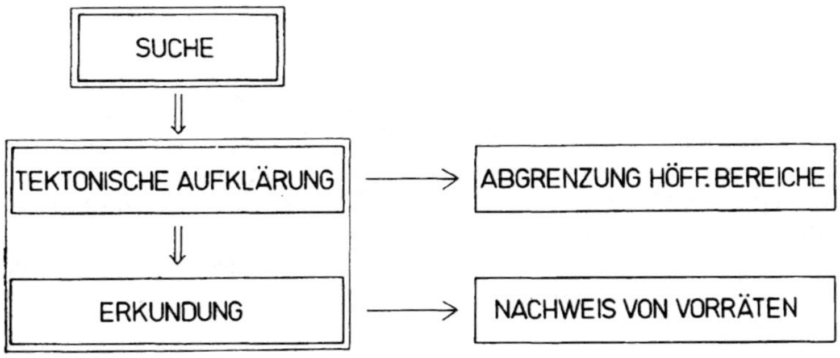

Abb. 3

Aufschlüsse und durch die Tatsache, daß Auffahrungen bei erfolgreicher Suche oder Erkundung teilweise in die Aus- oder Vorrichtungsarbeiten einbezogen werden können, gerechtfertigt oder gemildert. Die Wahl wird jedoch dann auf Bohrungen (Schrägbohrungen oder Bohrfächer) fallen, wenn Ergebnisse verlangt werden, die mit bergmännischen Arbeiten zu teuer erkauft sind, da sie mehr qualitativen als quantitativen Charakter besitzen, und wenn geologische Verhältnisse und technische Bedingungen ein Überbohren der Gänge ausschließen. Zudem liegt in diesem Fall der zeitliche Vorteil eindeutig auf der Seite der Bohrungen.

Unter den Bedingungen einer Ganglagerstätte vom Typ Rottleberode, die durch mächtige Gänge und die sie begleitenden Bleichungszonen charakterisiert wird, erscheint eine Kombination beider Möglichkeiten sinnvoll. Durch Bohrungen werden zunächst Bleichungszonen und mit ihnen verbundene Mineralisationen qualitativ nachgewiesen. Damit können jene Bereiche ausgegliedert werden, in denen bergmännische Arbeiten nur mit geringen oder gar keinen Erfolgsaussichten durchgeführt würden. In den verbleibenden Bereichen mit nachgewiesener Mineralisation könnten dann bergmännische Arbeiten zeit- und kostensparend und mit höheren Erfolgsaussichten durchgeführt werden.

Der Erkundungsprozeß erscheint unter diesen Aspekten **zwei**gegliedert (Abb. 3):

Erste Etappe: Etappe der „tektonischen Aufklärung“, die auf der Grundlage vorangehender mineralogisch-paragenetischer und geochemischer Arbeiten durchgeführt wird und in technischer Hinsicht i. w. S. auf Bohrarbeiten beruht. In ihrem Verlauf werden die Ausdehnung der mineralisierten Flächensysteme verfolgt und Bereiche, in denen mit großer Wahrscheinlichkeit bauwürdige Mächtigkeiten erwartet werden können, gegen weniger perspektivische abgegrenzt werden.

Zweite Etappe: Etappe der Erkundung i. e. S., die entsprechend den Ergebnissen der ersten Etappe mit bergmännischen Arbeiten durchgeführt wird und zum Nachweis von Bilanzvorräten führt.

Zusammenfassung

Es wird ein Überblick über Ziel und Methodik lagerstättentektonischer Untersuchungen in einer Ganglagerstätte am Beispiel der Lagerstätte Rottleberode (Harz) gegeben und die Anwendung tektonischer Ergebnisse zur Planung und Durchführung von Such- und Erkundungsarbeiten auf Betriebsebene erörtert.

Резюме

Дается обзор цели и методики структурно-тектонических исследований на жильном месторождении на примере месторождения Ротлеберодe/Гарц и обсуждается применение тектонических результатов при планировании и проведении поисково-разведочных работ в пределах предприятия.

Summary

The purpose and technique of tectonic investigations of deposits in a vein deposit are illustrated by the example of the deposit of Rottleberode (Hartz Mountains). The application of tectonic results to the planning and realization of search and exploratory works on an operating scale is discussed.

Literatur

BIERTHER, W.: Zur Bildung von Gangspalten. Eine Einführung in die Untersuchung der Siegerländer Erzgänge. — Geol. Rdsch., 44, 306 bis 325, Stuttgart 1955.
CLAR, E.: Geologische Gefüge und Formenentwicklung von metasomatischen Karbonatlagerstätten (Siderit-Magnesit) der Ostalpen. — C. R. Congr. Int. Alger, Ser. X, Fasc. X (1952).
FINCH, W. J.: Application of punched cards to geologic data concerning Uranium deposits in sandstone. — Economic Geology, 52, 180 bis 191 (1957).
HELFRICH, H. K.: Aufschlußbearbeitung mittels Lochkarten. — Geol. Föreningens i Stockholm Förhandlingar, 85, 515, 445—451, Stockholm 1965.
KONSTÁNTINOW, R. M.: Theorie der Erzbildung und Kybernetik. — Z. angew. Geol., 13, 6, 290—294, Berlin 1967.
HOFMANN, J., & A. WATZNAUER: Betrachtungen zur Gangtektonik im Bereich des Zentralteils der Lagerstätte Freiberg (Erzgebirge). — Z. angew. Geol., 11, 10, 514—521, Berlin 1965.
MAGNUSSON, N. H.: Malm Geologie. — Stockholm, Jernkontoret 1953.
OELSNER, O.: Grundlagen zur Untersuchung und Bewertung von Erzlagerstätten. — Thüringer Verlag, Gera 1952.
RICHTER, M.: Metallogenese und Tektonik westdeutscher Blei-Zinkerzlagerstätten. — Geol. Rdsch., 42, 79—90, Stuttgart 1953.
SCHNEIDERHÖHN, H.: Lehrbuch der Erzlagerstättenkunde. I. Die Lagerstätten der magmatischen Abfolge. — Fischer-Verlag, Jena 1941.
STAMMBERGER, F.: Grundfragen der ökonomischen Geologie. — Akademie-Verlag, Berlin 1966.
WOLFSON, F. I.: Die Strukturen endogener Erzlagerstätten. — Akademie-Verlag, Berlin 1960.

Geologische Karten über die Rohstofferkundung für die Steine-und-Erden-Industrie in Ungarn

GYÖRGY VITÁLIS, Budapest

Die planmäßigen Erkundungsarbeiten auf Rohstoffe der Steine-und-Erden-Industrie (Zement- und Kalkindustrie), die seit 1962 vom Zentralen Forschungs- und Projektierungsinstitut der Silikatindustrie (früher: Zentralforschungsinstitut für die Baustoffindustrie) durchgeführt wurden, ermöglichten die eingehende Kenntnis einzelner ungarischer Gebietsteile in geologischer und mineralogisch-petrographischer Hinsicht (VITÁLIS 1965, 1966). Die auf Grund vielfältiger Untersuchungen der durch Bohrungen erschlossenen geologischen Formationen wurden hinsichtlich ihrer Lagerungs- und der Strukturverhältnisse in geologischen Karten zusammenfassend dargestellt. Die geologische Karte, die ergänzenden Prognosekarten und die Profile liefern wichtige Daten, sowohl für die geologische Information als auch für die Leitung des Bergbaus.

Zur Veranschaulichung der darstellungstechnischen Lösungen und zum Vergleich liegen hier unsere geologischen Karten bzw. entsprechende Ausschnitte über einige ungarische Rohstoffgebiete der Steine-und-Erden-Industrie vor. Die darauf fußenden Prognosekarten, die geologischen Verhältnisse der Gebietsteile und die Ergebnisse der Materialuntersuchungen sind aus der angeführten Fachliteratur zu entnehmen.

Geologische Karte des Untersuchungsgebiets auf Tonschiefer bei Bélapátfalva, Vanna-Wiese

In die geologische Karte des Gebiets wurden zunächst die an seinem Aufbau beteiligten geologischen Einhei-

Eingang des Manuskripts in der Redaktion: 7. 3. 1968.

Zeitschrift für angewandte Geologie, Bd. 15 (1969), Heft 2

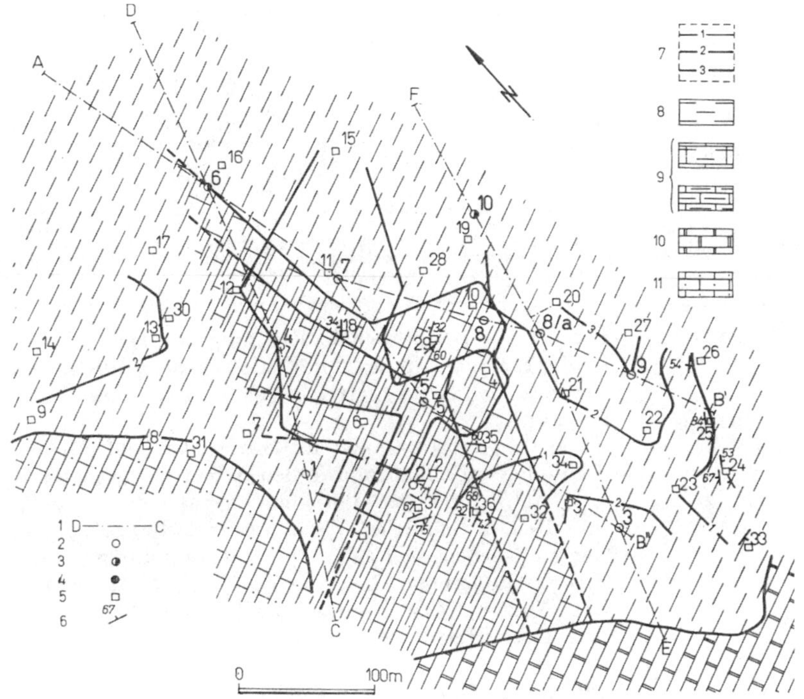

Abb. 1. Geologische Karte des Tonschiefererkundungsgebiets Bélapátfalva, Vanna-Wiese

1 – Profillinie; 2 – Erkundungsbohrung, 50 m tief; 3 – Erkundungsbohrung, 30 m tief; 4 – Erkundungsbohrung, 12 m tief; 5 – Schurfschacht, 1 – 3 m tief; 6 – im Schurfschacht gemessenes Schichtfallen; 7 – pleistozäne Tonschiefer (untergeordnet Kalkstein und Sandstein), brüchiger brauner und rötlichbrauner Ton; 8 – graue feinkörnige Sandsteinzwischenlagerungen, 0,2 bis 2,5 m mächtig (Mittlere Trias); 9 – Zwischenlagerungen von hellem und dunkelgrauem Kalkstein, von Tonschiefer braun und grau durchstreiftem Kalkstein und kalkigem Tonschiefer in einer Gesamtmächtigkeit von 5 bis 10 bzw. 10 bis 15,5 m (Mittlere Trias); 10 – heller und dunkelgrauer Kalkstein von großer Mächtigkeit (>500 m) (Mittlere Trias); 11 – von grauem und grünlichgrauem Sandstein bedeckter Tonschiefer und heller und dunkelgrauer Kalkstein (> 500 m) (Mittlere Trias)

Abb. 2. Geologische Karte des Tonerkundungsgebiets Csoznyatető in Miskolc-Görömböly

1 – Pleistozän als anstehender oder oberflächennaher, mächtiger schluffiger Ton, toniger Schluff und Gesteinsmehlschluff; 2 – Unteres Pannon als (von oben nach unten) schluffiger Ton, toniger Schluff und Gesteinsmehlschluff, schluffiges Gesteinsmehl, Sand mit Gesteinsmehl und Sand; Kolonne a = 10 m unter Oberfläche, Kolonne b = 20 m unter Oberfläche; 3 – Erkundungsbohrungen 3 bis 30 m tief

ten bzw. die Gegebenheiten eingetragen, die beim Grubenaufschluß in erster Reihe zu berücksichtigen sind (Abb. 1).

Die an der Oberfläche beobachteten Formationsgrenzen wurden mit dickeren, durchlaufenden, die verdeckten, jedoch wahrscheinlichen, mit dickeren, gestrichelten Linien angedeutet. Die Mächtigkeit der Zwischenlagerungen von Kalkstein im Tonschiefer erhielten wir auf Grund der Bohrungen durch Interpolation. Wie aus der Zeichenerklärung ersichtlich, wurde die Fläche der Zwischenlagerungen von Kalkstein größerer Mächtigkeit mit engerer, die der dünneren mit weiterer Signatur versehen.

Die durch Interpolation konstruierten Grenzen der Kalksteinzwischenlagerungen wurden am Rand des erschlossenen Gebiets mit gestrichelten Linien eingetragen.

In den geologischen Karten wird auch die auf Grund von Schurfschächten interpolierte Mächtigkeit der pleistozänen tonigen Schicht dargestellt, die das Gebiet verdeckt. Um Fehlschlüsse zu vermeiden, geben wir die Mächtigkeitsverhältnisse des Abraums nur für das durch Schurfschächte erforschte Gebiet an. Wir bemerken, daß die Darstellung der Mächtigkeitsverhältnisse des Kalksteins überall auf Grund der durch Bohrungen ermittelten Werte erfolgte. Die Schraffur der Karte entspricht der allgemeinen Streichrichtung NE–SW der Ablagerungen.

Die stark gefalteten Formationen des Gebiets sind in der Karte nur durch die mannigfaltigen Richtungen der in einzelnen Schurfschächten gemessenen Fallwerte veranschaulicht. Die Richtung des Einfallens ist zumeist SSE und NW, der geringste Fallwinkel beträgt 32°, der größte 84°.

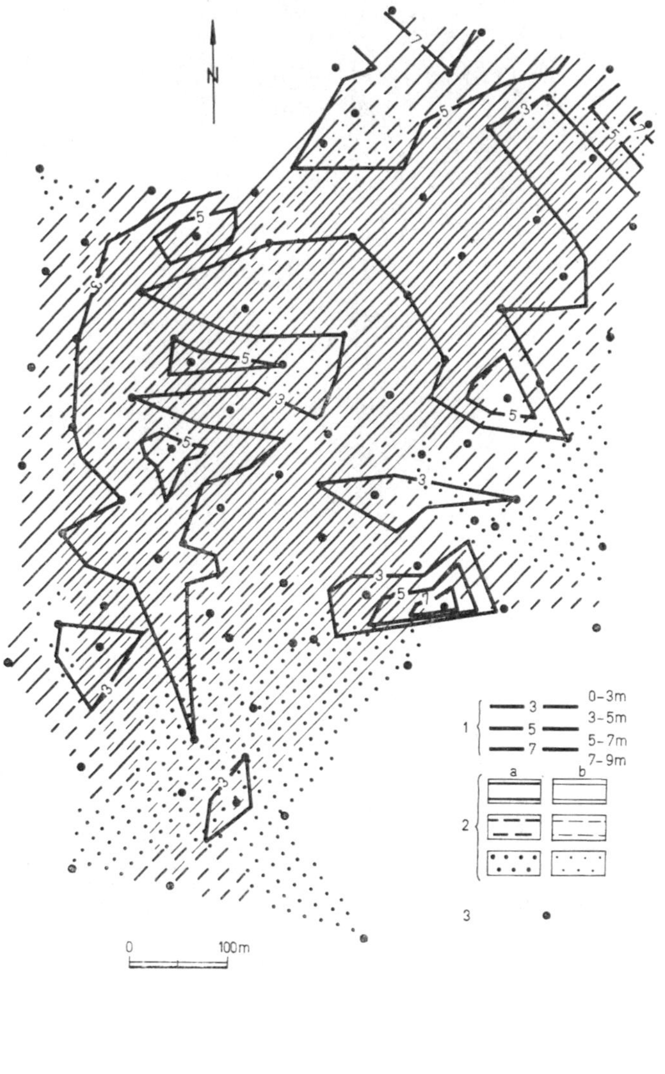

Die zur geologischen Karte des Bélapátfalva-Vanna-Wiese-Tonschiefergebiets gehörigen Prognosekarten sind in den Arbeiten TAKÁTS & VITÁLIS (1965a und b) und VITÁLIS (1964—1965) enthalten.

Geologische Karte des Tonerkundungsgebiets Miskolc-Görömböly Csoznyatető

Die geologische Karte des Gebiets (Abb. 2) stellt die Mächtigkeitslinien der Abraumschicht und mit einer der Streichrichtung entsprechenden Liniierung die geologischen Bildungen unter der Oberfläche, in unserem Fall in Teufen von 10 bzw. 20 m, dar. Die Stärke der Linien, die die verschieden tief liegenden Bildungen

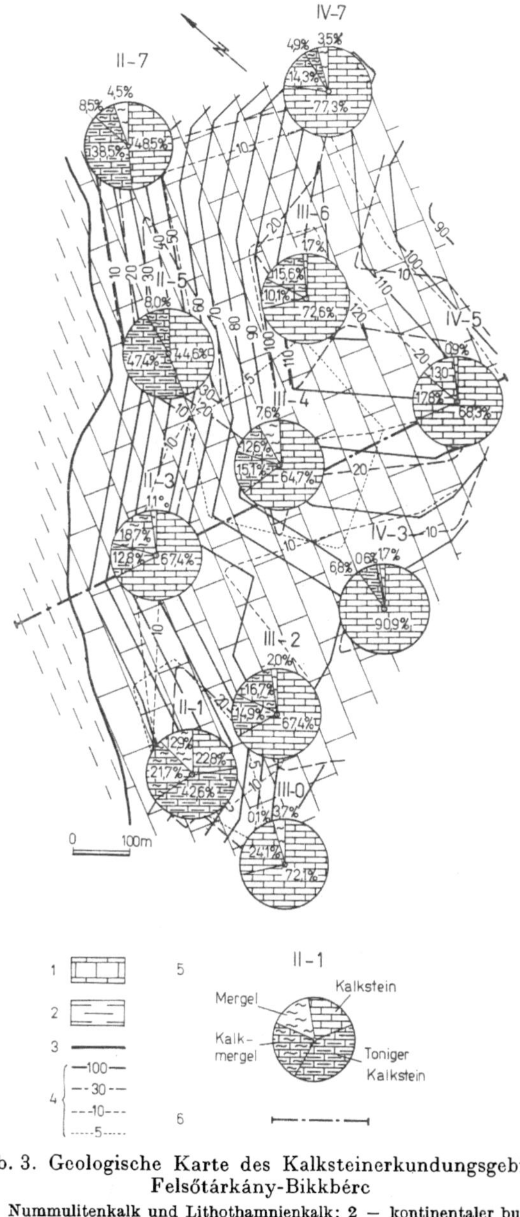

Abb. 3. Geologische Karte des Kalksteinerkundungsgebiets Felsőtárkány-Bikkbérc

1 — Nummulitenkalk und Lithothamnienkalk; 2 — kontinentaler bunter Ton (untergeordnet Sand und Kies); 3 — Oberflächengrenze der Schichten kontinentaler und mariner Entstehung (Liniierung entspricht der Streichrichtung der geologischen Einheiten. Allgemeine Fallrichtung = 120°, mittlerer Einfallwinkel = 15°); 4 — Isopachen der obereozänen Meeresablagerungen (Kalkstein, toniger Kalkstein, Kalkmergel, Mergel); 5 — Erkundungsbohrung mit prozentualer Verteilung der durchbohrten Kalkstein-, tonigen Kalkstein-, Kalkmergel- und Mergelschichten; 6 — Profillinie

Abb. 4. Teilausschnitt aus der geologischen Karte des Kalksteinerkundungsgebiets Vác-Nagyszál

1 — Spalten; 2 — Verwerfung; 3 — Kalzitgang; 4 — mit Ton ausgefüllte Spalte; 5 — Einfallen der Verwerfung; 6 — Streichen und Fallen der Schicht; 7 — Kluftdiagramm (Kluftrose); 8 — holozäne Halde; 9 — holozän-pleistozäner Böschungsschutt; 10 — unteroligozäne Sandsteine und Konglomerate; 11 — obertriassische Kalksteine in Sandsteinen; 12 — obertriassischer Kalkstein, vorwiegend mit Zwischenlagerungen von tonigem Kalkstein, Dolomitkalkstein und Kalksteindolomit; 13 — Erkundungsbohrung mit prozentualer Verteilung der bis 420 m unter Gelände durchbohrten Gesteine (a = Tonschluff und Gesteinsschutt; b = Sandstein und Konglomerat; c = Kalkstein; d = tonig verunreinigter Kalkstein; e = dolomitischer Kalkstein; f = kalkiger Dolomit; g = Dolomit); 14 — geoelektrisch nachgewiesene Störung; 15 — auf Grund von Bohrungen, Strukturmessungen, geoelektrischen Messungen und morphologischen Gegebenheiten konstruierte Verwerfung; 16 — Profillinie

andeuten, verjüngt sich in Richtung der Teufe. Dort, wo die Linie, die die in 20 m Teufe liegenden Bildungen darstellen sollte, fehlt, erreichte die Bohrung diese Endteufe nicht.

Die Prognosekarten als Ergänzung der geologischen Karte dieses Gebiets sind in den Arbeiten von TAKÁTS u. a. (1967), VITÁLIS (1967) und VITÁLIS u. a. (1966) enthalten. In ähnlicher Weise konstruierte geologische Karten wurden auch über die Tonerkundungsgebiete Miskolc-Görömböly Lengyelszótető (VITÁLIS 1967), Eger-Noszvaj (VITÁLIS u. a. 1967) und DCM Gombás (VITÁLIS & HEGYI 1967) publiziert.

Geologische Karte des Kalksteinerkundungsgebiets Felsőtárkány-Bikkbérc

In der geologischen Karte des Kalksteingebiets (Abb. 3) wurden zunächst durch eine der Streichrichtung entsprechende Liniierung die an der Oberfläche sichtbaren geologischen Bildungen dargestellt. Zur besseren Veranschaulichung kam an den Bohransatzpunkten das prozentuale Verhältnis des bis zum Liegenden erschlossenen Nutzkalksteins, des tonigen Kalksteins, des Kalkmergels und des Mergels in Kreisdiagrammen zur Darstellung. In der Karte sind auch die interpolierten Mächtigkeitslinien der aufgeführten Gesteine enthalten, die vor allem die Ansprüche der Projektierung befriedigen. Die Isohypsen der einzelnen Bildungen wurden in einer der Wichtigkeit entsprechenden Stärke bzw. gestrichelt gezeichnet. Die geologischen Profile zur Ergänzung der geologischen Karte sind in den Arbeiten von VITÁLIS (1966a) und VITÁLIS & HEGYI-PAKÓ (1967a und b) enthalten.

Geologische Karte des Kalksteinerkundungsgebiets Vác-Nagyszál

Die geologische Karte des Kalksteinerkundungsgebiets Nagyszál DCM (Zement- und Kalkwerke Donau) enthält folgende Einzelheiten (Abb. 4).

In den unter Abbau stehenden Gruppenräumen zeigt sie die bedeutenderen Brüche und Störungen, die größeren Kalzitgänge, die die früheren heißen Quellen kennzeichnen, sowie die größeren, mit Ton ausgefüllten Gesteinsspalten. Neben den Streich- und Fallwerten der Schichtung und der Verwerfungen werden auch für einzelne Abschnitte der Brüche Kluftrosen angefertigt.

Für das an den Abbau anschließende Erkundungsgebiet werden an den Bohrstellen die prozentualen Verteilungswerte der in den einzelnen Untersuchungsbohrungen in bestimmter Teufe durchbohrten Gesteinsarten in Kreisdiagrammen dargestellt (Abb. 4). Des weiteren kommen die auf Grund geoelektrischer Messungen,

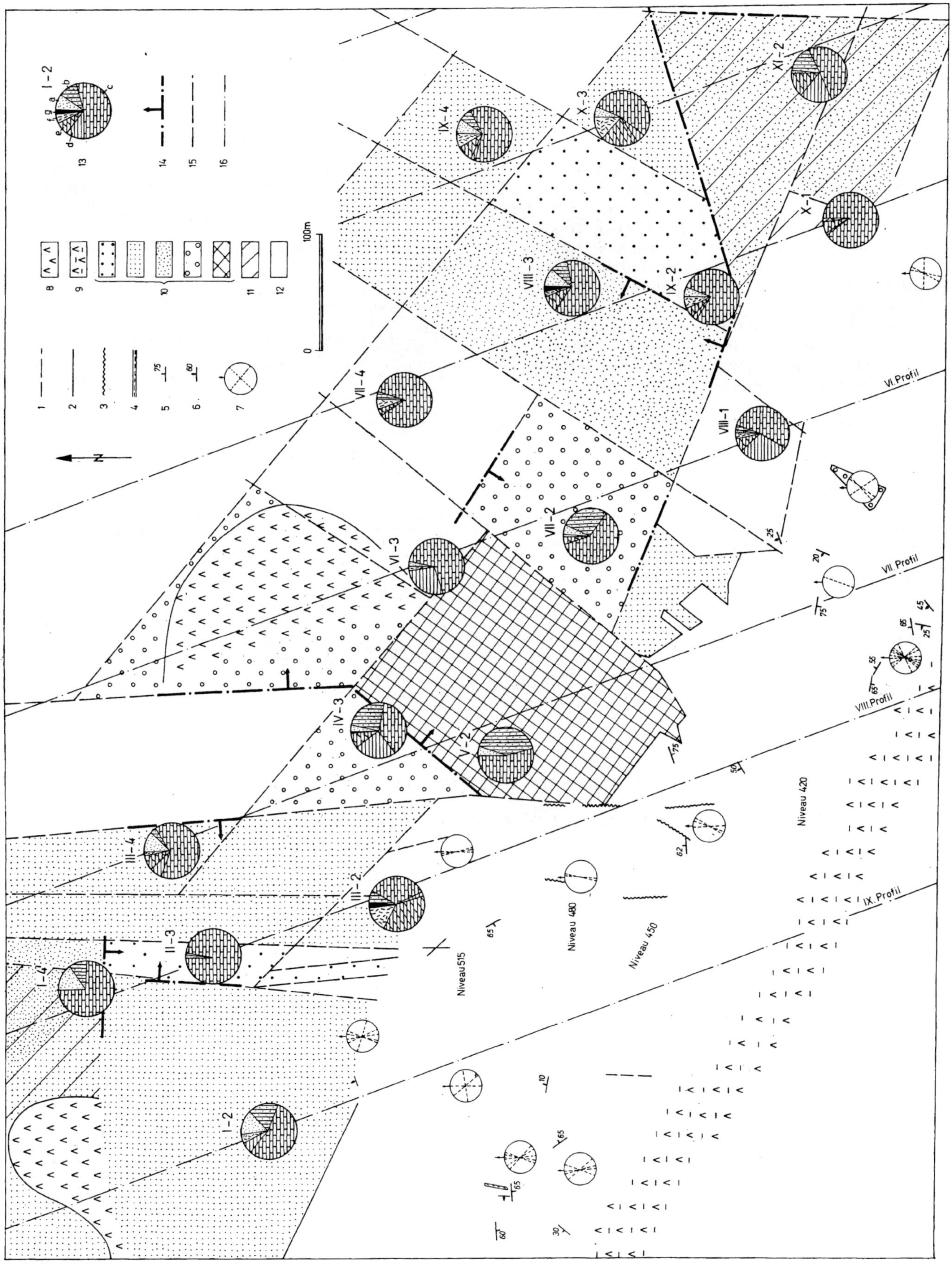
N
100m
0
I-2
VI. Profil
VII. Profil
VIII.Profil
IX. Profil
Niveau 420
Niveau 450
Niveau 480
Niveau515
XI-2
X-3
IX-4
X-1
IX-2
VIII-3
VII-4
VIII-1
VII-2
VI-3
IV-3
V-2
III-4
III-2
II-3
I-4

Bohrungen, Strukturmessungen und geomorphologischer Gegebenheiten wesentlichen Verwerfungen zur Darstellung. Entsprechend der Bruchstruktur des Gebiets werden die Mächtigkeitsverhältnisse der Überdeckung, bestehend aus einem Komplex von „hárs-hegyer", Sandstein des unteren Oligozäns und einem Konglomerat, im Bereich kleinerer Struktureinheiten eingezeichnet.

Die Karte weist die auf Grund geoelektrischer Messungen ermittelten Gebietsteile gestörter Lagerung (Kalkstein im Sandsteinmassiv) aus, während die teils durch den Steinbruchbetrieb freigelegten, teils oberflächig anstehenden tonigen Kalksteine, dolomitischen Kalksteine und kalkig-dolomitische Zwischenlagerungen enthaltenden, sehr mächtigen Kalkfolgen der Oberen Trias ohne Bezeichnung geblieben sind.

Diese Darstellungsmethode liefert bereits auf den ersten Blick gute Informationen über die Faktoren, die den Grubenbetrieb wesentlich beeinflussen: die Mächtigkeitsverhältnisse des Abraums, die wesentlichen Störungen und über die den technologischen Ablauf stark beeinflussenden Ton- und Dolomitverunreinigungen (VITÁLIS u. a. 1967).

Zusammenfassung

Zur Veranschaulichung der darstellungstechnischen Lösungen werden geologische Karten bzw. Ausschnitte aus diesen über einige ungarische Rohstoffgebiete der Steine-und-Erden-Industrie vorgelegt. Die entsprechenden Prognosekarten, die geologischen Verhältnisse der Gebietsteile im einzelnen und die Ergebnisse der Materialuntersuchungen sind der angeführten Fachliteratur zu entnehmen.

Резюме

С целью обзора решений изобразительно-технического характера предлагаются геологические карты или их части по некоторым венгерским зырьевым районам промышленности добычи нерудных ископаемых. Зоотвествующие прогнозные капты, детальные геологические условия частей районов и результаты материальных исследованой можно найти в приложенном списке специальной литературы.

Summary

Geological maps, and map sections respectively, on some Hungarian districts yielding raw materials for the pit and quarry industry are presented for illustrating technical solutions of representation. References are mentioned from which the corresponding prognostic maps, detailed geological conditions of the districts and test results of materials can be taken.

Literatur

TAKÁTS, T., & GY. VITÁLIS: Tonschiefererkundung, Bélapátfalva, Vanna-Wiese (ung.). – Építőanyagipari Központi Kutató Intézet Tudományos Közlemények, 15, 1–64. ÉDOK, Budapest 1965 [1965 a].
– Data on the Geological and Mineralogical Knowledge of lower Ladinian Schists in the Bükk Mountains. – Acta Univ. Szegediensis, Miner.-Petr., XVII, 53–63, Szeged 1965 [1965 b].
TAKÁTS, T., J. HEGYI & GY. VITÁLIS: Materialforschung für die Zement- und Kalkwerke Hejőcsaba (Nordungarn) (ung.). – Építőanyag, 19, 24–30 (1967).
VITÁLIS, GY.: Ingenieurgeologische Karte des Tonschiefererkundungsgebietes Bélapátfalva, Vanna-Wiese (ung.). – Mérnökgeológiai Szemle, 41–44, Budapest 1964/1965.
– Geologische Erkundung von Rohstoffen für die Zementindustrie (ung.). – Szilikáttechnika, 115–117, und 129–132 (1965).
– Zur Hydrogeologie des südwestlichen Teiles des Bükk-Gebirges (ung.). – Hidrológiai Közlöny, 46, 255–260 (1966) [1966 a].
– Die Fragen der Erkundung von Zementrohstoffen der Zementindustrie (ung.). – Földtani Kutatás, IX, 3, 36–43 (1966) [1966 b].
– Geologische Untersuchung von Csoznyatető und Lengyelszótető in Miskolc–Görömböly (ungar.). – A Szilikátipari (Építőanyagipari) (Központi Kutató Intézet 1963–1966. évi tudományos müködése, 297 bis 313, ÉTK, Budapest 1967.
VITÁLIS, GY., & J. HEGYI: Schlußbericht über Kalkstein- und Tonrohstofferkundung für die Zement- und Kalkwerke Donau (ung.). – Ms. zentr. Forsch.- und Projektierungsinst. Silikatindustrie (SZIKKTI), Thema Nr. V-101/61, Budapest, Dezember 1967.
VITÁLIS, GY., & J. HEGYI-PAKÓ: Data on the Geological and Mineralogical Knowledge of Lower Pannonian Strata in the Miskolc–Görömböly Area. – Acta Univ. Szegediensis, Miner.-Petr., XVII, 167–180, Szeged 1966.
– Erkundungsarbeiten für die projektierte Zementfabrik von Eger–Felnémet (ungar.). – A Magyar Állami Földtani Intézet Évi Jelentése az 1965, évről, 367–391, Budapest 1967 [1967 a].
– Examination of cement-industry raw materials from the SW Bükk Mountains. – Acta Univ. Szegediensis, Miner.-Petr., XVIII, 47–56, Szeged 1967 [1967 b].

Gegenwärtiger Stand und Perspektive für die Entwicklung der Weltrohstoffbasis von Zinn

JAROSLAV ŽEŽULKA, Prag

Referiert von KURT KAUTER, Berlin

Die Versorgung der Industrie mit Zinn wird in letzter Zeit für die Geologen und Ökonomen in den meisten industriell entwickelten Ländern der Welt zu einem Problem. Die Wachstumstendenzen des Zinnbedarfs und die Schwierigkeiten bei der Beschaffung dieses Metalls im Weltmaßstab zeugen von einer Disproportion zwischen den Vorräten und dem Bedarf, die in Zukunft noch zunehmen wird.

1. Die Rohstoffbasis und ihre Ausnutzung

Die Gesamtmenge der erkundeten Zinnvorräte der Welt beträgt z. Z. fast 8,7 Mill. t Metall. Davon sind etwa 80% in Südostasien und Ostasien konzentriert. Als zweitwichtigstes zinnführendes Gebiet rangiert Zentralafrika mit 10% der Vorräte, die sich jedoch ständig vergrößern. Demgegenüber stagniert die amerikanische Förderung — hauptsächlich bolivianische primäre Lagerstätten (bisher etwa 11% der Vorräte) —, die nicht mit der Produktion aus den sekundären Lagerstätten des Metalls konkurrieren kann. Das Verhältnis der nachgewiesenen Vorräte von primären zu sekundären Erzen hat sich seit Jahrzehnten nicht wesentlich verändert. Es gibt ca. viermal mehr sekundäre Erze. Veränderlich erwies sich jedoch die Reihenfolge in der Wichtigkeit der industriellen Typen. So wächst die Bedeutung der Vorräte in sekundären Lagerstätten auf dem Meeresboden, während die der klassischen primären Lagerstätten der Kassiterit-Quarz-Formation im Verhältnis zu den Kassiterit-Sulfid-Typen absinkt.

Gegenwärtig werden solche primären Lagerstätten als reich angesprochen, die durchschnittlich über 1% Sn enthalten. Erze von mittlerer Qualität enthalten etwa 0,4 bis 1% Metall; arme Lagerstätten enthalten 0,2–0,4% Sn. Ärmere Lagerstätten werden nur in wenigen Ausnahmefällen abgebaut.

Entscheidend als Rohstoffbasis sind heute sekundäre Lagerstätten. Ihr Volumen und ihr Zinngehalt schwanken beträchtlich. In Abhängigkeit von der Abbaumethode kann der gegenwärtige Stand durch folgende Daten charakterisiert werden (Tab. 1).

Nach statistischen Angaben wurden in der Welt während der gesamten geschichtlichen Periode etwa 14–15 Mill. t

Aus: „Geologický průzkum", 11 (1967), S. 378–383.
Übers.: F. MÜLLER, Grünheide/Mark.

Zinn abgebaut. Die bis heute bestätigten Rohstoffvorräte müßten die voraussichtliche Produktion (rund 300000 t Metall jährlich) für annähernd 20 bis 25 Jahre sichern. 80%

Tab. 1. Methode des Lagerstättenabbaus

	mittl. Kassiteritgehalt (g/m³)	minimale Lagerstättenvorräte (Mill. m³)
mit Eimerketten-Schwimmbagger	150– 300	1,5 –25,0
mit Hydromonitor	300– 700	0,2 – 2,0
mit Bagger	700–1000	0,1 – 0,3
Untertageabbau	3000–5000	0,05– 0,2

der Vorräte sind sekundäre Erze. Damit stellt dieser Lagerstättentyp zweifellos die Basis der Zinngewinnung mindestens bis zum Jahre 1980 dar. Mit fortschreitendem Übergang zu immer komplizierteren Lagerstätten auf dem Festland wird offenbar die Bedeutung der reichen Zinnlagerstätten auf dem Meeresboden zunehmen. Sie werden heute bereits in Indonesien, in Malaysia und in Thailand abgebaut. Einige weitere perspektivische Gebiete werden zweifellos bald zum Gegenstand der Interessen von Staaten werden, die keine eigene Rohstoffbasis besitzen. Es scheint jedoch, daß die Bedeutung dieser Lagerstätten in der Weltförderung erst gegen Ende des XX. Jahrhunderts ihren Höhepunkt finden wird.

Fortschreitend mit der Erschöpfung der sekundären Lagerstätten werden in den kommenden Jahrzehnten auch in den Staaten Südostasiens und Afrikas die primären Lagerstätten sicher an Bedeutung gewinnen. Das trifft zuerst offensichtlich für die komplexen großen Lagerstätten des Quarz-Kassiterit-Typs zu, die sich für einen Großabbau unter der Gewinnung von einigen Spurenelementen eignen. Daneben kommen auch einige Lagerstätten der Kassiterit-Sulfid-Formation in Frage.

Ungeachtet der erfolgreichen geologischen Erkundung von Zinnerzen in den letzten Jahren in Südchina, Thailand, Nigeria und anderenorts kann man schwerlich eine bedeutende Erweiterung der Rohstoffbasis erwarten. Kompliziert ist auch die Prognose der Weltvorräte an primären Erzen. Die primären Lagerstätten wurden bisher überall, mit Ausnahme Europas, der UdSSR, Boliviens und teilweise Chinas, vernachlässigt; insbesondere wurden über die Lagerstätten Südostasiens nur orientierende Teilberichte veröffentlicht.

Die Weltzinnförderung bewegte sich im Jahre 1965 um 193000 Tonnen. Davon wurden drei Viertel in Entwicklungsländern gewonnen, insbesondere in Malaysia (33%), in

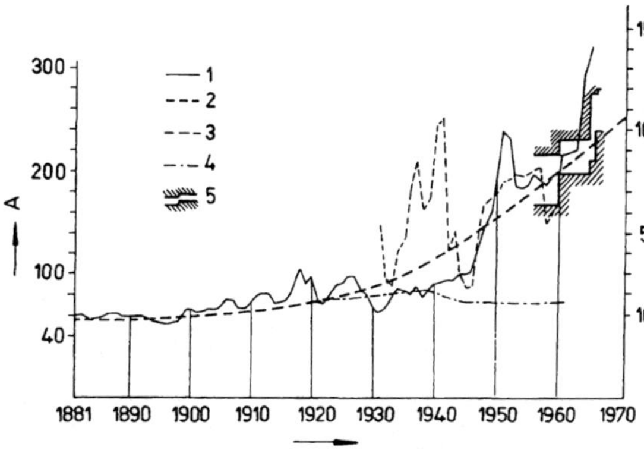

Abb. 1. Veränderungen der Jahresmittelpreise für metallisches Zinn an der Londoner Börse in den Jahren 1881–1965.

A – Zinnproduktion in 1000 t; B – Zinnpreis in Pfund Sterling je t; 1 – Jahrespreisniveau; 2 – langfristige Preischarakteristik; 3 – Zinnproduktion; 4 – Preise nach dem Goldkurs des Pfund Sterling; 5 – Preisbereich nach dem Internationalen Zinnrat

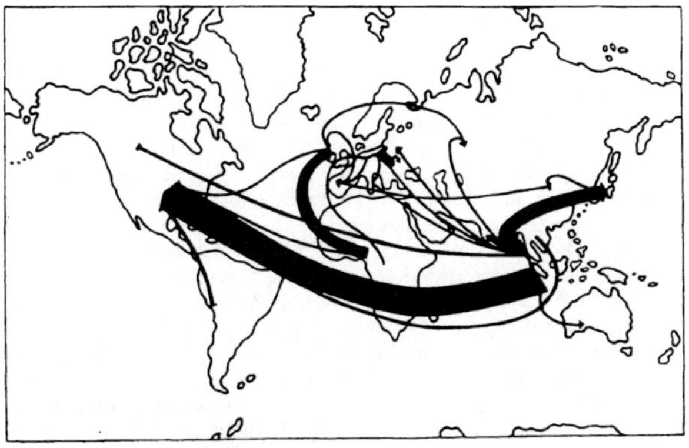

Abb. 2. Metallisches Zinn auf dem Weltmarkt im Jahre 1965

Bolivien (11%) und in Thailand (10%). In den entwickelten kapitalistischen Ländern wurden nur wenig mehr als 5% gefördert. Auf die sozialistischen Länder entfielen nach den im westlichen Ausland veröffentlichten Angaben etwa 25% der Weltzinnförderung. In den letzten Jahren ist in der Mehrzahl der kapitalistischen Staaten ein Wachstum der Zinnförderung zu verzeichnen, die sich im Jahre 1964 um 3,7% und im Jahre 1965 um weitere 3,4% erhöhte.

Über die Ausnutzung der Zinnrohstoffbasis in der nächsten Zukunft kann man nach dem Charakter der Lagerstätten urteilen, deren Abbau in letzter Zeit aufgenommen oder für die nächsten Jahre geplant ist. So wurde 1964 in Australien der Abbau des zinnhaltigen Stocks Arditan mit einem Vorrat von 12500 t Metall in Angriff genommen. Der durchschnittliche Zinngehalt dieser Lagerstätte beträgt 0,41%; bei einer Gesamtergiebigkeit an Zinn (Zinnausbeute) um 65% rechnet man mit einer Jahreskapazität von 660 t Metall. 1968 soll in Tasmanien der Abbau einer Serie von Quarzgängen mit Sulfiden und Kassiterit aufgenommen werden. Die Lagerstättenvorräte werden auf 2,6 Mill. t Metall geschätzt; die Erze enthalten im Durchschnitt 1% Zinn und 0,34% Kupfer. Die geplante Jahreskapazität beträgt 400 t Zinn und 760 t Kupfer im Konzentrat. In Bolivien wurde 1967 der Abbau des Kassiteritstocks Kelluakki begonnen, dessen Vorräte auf rund 32700 t Metall geschätzt werden. Die Lagerstätte enthält durchschnittlich 1,31% Zinn; bei einer Ausbeute von etwa 55% beträgt die geplante Jahreskapazität 2100 t Metall im Konzentrat. 1967 wurde auch der Abbau der mit Kassiterit und Sulfiden angereicherten Gänge in der Lagerstätte Mont Pleissant in Kanada aufgenommen. Die Vorräte sind mit 11000 t Metall berechnet worden; die Erze enthalten durchschnittlich 0,4% Zinn. Bei einer Ausbeute von 80–90% (Spezialaufbereitung durch direkte Reduktion im Wasserstoffreaktor) soll die Kapazität des projektierten Betriebes 2250 t Zinn erreichen.

2. Der Weltbedarf an Zinn und seine Entwicklung

Der mittlere Jahresbedarf an primärem Zinn erreichte vor 100 Jahren (1851 bis 1860) knapp 10000 t, aber schon im Verlauf der folgenden 50 Jahre stieg er durchschnittlich auf 104000 t (1901 bis 1910). Der mittlere Jahreszuwachs des Bedarfs bewegte sich in diesen 50 Jahren um 1,9%. Zwischen 1901 und 1951 ging der jährliche Zuwachs des Zinnbedarfs auf 1,4% zurück; der mittlere Jahresbedarf in den Jahren 1951 bis 1960 bewegte sich um 176000 t. Der Weltbedarf an Zinn wird in den letzten Jahren (1961 bis 1965) erneut durch etwas höhere Anforderungen (jährliche Zunahme des Bedarfs um 1,6%), hauptsächlich infolge der erhöhten Nachfrage in den sozialistischen Staaten, charakterisiert. Der Zinnbedarf der Mehrzahl der bedeutendsten kapitalistischen Staaten stagniert nach einer Nachkriegskonjunktur etwa auf dem Niveau von 1940. Die Hauptursache hierfür liegt offensichtlich in der Kompensation der Bedarfserhöhung in der Mehrzahl der Industriezweige durch die Zinneinsparung bei der Erzeugung verzinnter Bleche nach Einführung des Verfahrens der elektrolytischen Verzinnung. Des weiteren zählt hier auch die Einführung von Ersatzstoffen, vor allem in der Verpackungsindustrie. In dem verhältnismäßig ruhigen Wachstum des Weltbedarfs an Zinn zeigen sich deutlich kurzfristige Depressionen, auf die eine intensive Zunahme des Bedarfs folgt. So bewegte sich der mittlere Jahreszuwachs des Zinnbedarfs nach der Weltwirtschaftskrise 1929 bis 1931 um 10% und in der Periode des Aufbaus nach dem 2. Weltkrieg um 8%. Nach der Depression in den Jahren 1956 bis 1957 erreichte der Bedarfszuwachs fast 11%. Die Amplituden dieser Schwankungen sind jedoch stets geringer, als das z. B. auf dem Gebiet der Gewinnung und Verhüttung der Fall ist. Hier gleichen verschiedene strategische und Puffervorräte beim Internationalen Zinnrat, in den USA, in Italien, an einigen Börsen usw. aus.

Die Struktur des Zinnbedarfs ist in den wichtigsten Industriestaaten der Welt relativ beständig. Rund 70% des Metalls werden jährlich in den sieben wichtigsten Industriestaaten verbraucht: USA 27,2%, UdSSR 10,4%, England 8,9%, Japan 7,9%, Volksrepublik China 6,9%, Westdeutschland 5,4% und Frankreich 4,7%. In den letzten Jahrzehnten veränderten sich auch die Proportionen zwischen den Hauptgebieten des Weltbedarfs an Zinn nur unwesentlich: verzinnte Bleche (rund 45% des Weltbedarfs an Zinn), Lötpasten (20%), Zinnlegierungen (20%) und andere Bereiche der Verwendung von Zinn (15%). In den verschiedenen Staaten unterscheiden sich diese Proportionen nach der spezifischen Struktur der Industrie, gleichen sich jedoch in den einzelnen Staaten mehr und mehr an. Nach prognostischen Erwägungen, die in einigen westlichen Staaten veröffentlicht worden sind, kann man bis zum Jahre 2000 einen gewissen Rückgang des Metallbedarfs bei der Produktion verzinnter Bleche erwarten, der jedoch wahrscheinlich durch eine Volumenerhöhung in der Produktion von Zinnlegierungen und Lötpasten und durch die Erweiterung des Einsatzes von Zinn insbesondere in der chemischen und in der elektrotechnischen Industrie kompensiert werden dürfte.

Die prognostischen Erwägungen über die Entwicklung des Weltbedarfs an Zinn können sich im wesentlichen auf die Gesetzmäßigkeiten stützen, die gegenwärtig statistisch oder durch andere Methoden gut begründet werden. Zu diesen Gesetzmäßigkeiten gehören insbesondere die Erhöhung der Bevölkerungszahl (potentiell), die Erhöhung des Lebensstandards der Gesellschaft (dynamisch) und schließlich die Tendenz des tatsächlichen Anstiegs des Metallbedarfs.

Nach den letzten Untersuchungen der UNO kann man erwarten, daß sich die Bevölkerungszahl von derzeit ca. 3 Mrd. Menschen bis zum Jahre 2000 auf 7,4 Mrd. erhöht. Der Jahreszuwachs der Bevölkerungszahl von 1950 bis 1960 mit ca. 1,9% erhöht sich von 1960 bis 1980 wahrscheinlich um 2,2% und wird in den letzten Jahren unseres Jahrhunderts etwa 2,8% erreichen. Analoge Kennziffern können zur Bestimmung der Erhöhung des Weltbedarfs an Zinn angewandt werden, wenn man den gegenwärtigen Metallbedarf je Person als konstant betrachtet. Nach den Untersuchungen des Amerikaners FISCHER und einiger anderer Geologen (FRIEDENSBURG) kann diese Methode zur Bestimmung des perspektivischen Rohstoffbedarfs der fortgeschrittensten Industrieländer angewandt werden, in denen die potentielle Bedarfserhöhung überwiegt. Aus einer Analyse der tatsächlichen Entwicklung des Zinnbedarfs in den wichtigsten Verbrauchsgebieten geht jedoch hervor, daß sich trotz der beträchtlichen Kompliziertheit der individuellen Entwicklung in den einzelnen Staaten zweifellos in der Mehrzahl der Staaten ein dynamisches Wachstum zeigt, so daß nach der Charakteristik der Bevölkerungszunahme nur eine minimale Zunahme des Zinnverbrauchs bestimmt werden kann.

Die perspektivischen Tendenzen der stetigen Zunahme des Zinnbedarfs können durch die Extrapolation des Weltbedarfs je Person, durch eine Analyse des „Sättigungsgrades" der Industrie mit diesem Metall oder durch eine indirekte Entwicklungsanalyse der Industriezweige (Hauptverbraucher von Zinn), durch das Wachstum der Industrie, des Nationaleinkommens usw. bestimmt werden.

Die Zunahme des Zinnbedarfs pro Kopf in den letzten 65 Jahren wird durch drei Zeitabschnitte charakterisiert. Von 1900 bis 1950 beobachten wir einen verhältnismäßig gleichmäßigen Bedarfsanstieg von 0,05—0,08 kg Zinn pro Kopf. Im Zeitraum des 2. Weltkriegs und in der Nachkriegsperiode kommt es zu einem Rückgang, der bis zur Hälfte der fünfziger Jahre andauert. In den letzten Jahren hat sich die Zunahme des Zinnbedarfs im Zusammenhang mit der hohen Konjunktur, die von einem Preisanstieg begleitet wird, erneut verringert.

Nach den perspektivischen Erwägungen über die Entwicklung derjenigen Industriezweige, die den größeren Teil des Zinns verbrauchen, kann man voraussetzen, daß die weitere Entwicklung des steigenden Bedarfs unter den Bedingungen einer günstigen Konjunktur in den nächsten Jahrzehnten nahe dem Vorkriegsbedarf sein wird.

Begreiflicherweise wird die Entwicklung des steigenden Bedarfs in den verschiedenen politisch-wirtschaftlichen Gruppen und insbesondere in den einzelnen Staaten unterschiedlich sein. Die Tendenzen der letzten Jahre bestätigen das.

Tabelle 2

Bedarf an primärem Zinn pro Kopf in den Jahren 1950 bis 1955	Jahr	RGW-Staaten	entwickelte kapitalistische Staaten	Entwicklungsländer	Welt insges.
Bedarf an prim. Metall pro Kopf in kg	1950	0,061	0,253	0,0089	0,0699
	1955	0,071	0,228*	0,0085	0,0640
	1960	0,076	0,247	0,0094	0,0667
	1965	0,102	0,245	0,0100	0,0667
Bedarfsanstieg an prim. Metall pro Kopf (1950 = 100%)	1950	100	100	100	100
	1955	116,3	90,1	95,5	91,5
	1960	124,5	97,6	105,6	95,7
	1965	167,0	96,8	112,0	95,7

* Schätzung

Die Intensität des Bedarfsanstiegs scheint in gewisser Hinsicht durch das Verhältnis zum Wachstum des Bruttonationaleinkommens charakterisiert werden zu können.

Die Indexe des Wachstums des Bruttonationaleinkommens und des Bedarfs an primärem Zinn in den Jahren 1955 bis 1965 zeigt Tab. 3.

Tabelle 3 (1955 = 100%)

Staat	Einkommen 1955	Zinn 1955	Einkommen 1960	Zinn 1960	Einkommen 1965	Zinn 1965
Japan	147	140	421	279	386	387
UdSSR	171	132	265	142	361	182
Frankreich	124	123	155	144	191	141
ČSSR	148	154	207	163	228	199
Westdeutschl.	157	105	217	356	260	154
USA	123	84	138	72	165	80
England	114	96	130	94	147	89

In allen bisherigen Erwägungen ging man vom Bedarf an primärem Zinn aus. Eine wichtige Quelle zur Deckung des Zinnbedarfs ist jedoch in einigen Staaten auch das sekundäre Metall, das aus Metallschrott (ca. 55%) oder aus Abfällen der gegenwärtigen Produktion (ca. 45%) gewonnen wird. Die sekundäre Zinnbasis besitzt heute größte Bedeutung in den USA, in England und in Westdeutschland (insgesamt ca. 40000 t Produktion). Nach den obenangeführten Grundsätzen sind drei Varianten der Prognose des Weltbedarfs an Zinn bis zum Jahre 2000 zusammengestellt worden (Abb. 3).

Die erste und minimale Variante geht nur von der potentiellen Zunahme des Bedarfs, unter Beibehaltung des Weltbedarfs pro Kopf auf dem Niveau der Jahre 1960 bis 1965, aus. Die dritte und maximale Variante rechnet mit einem wahrscheinlichen progressiven Bedarfsanstieg pro Kopf um annähernd 0,85% jährlich. Die zweite und mittlere Variante rechnet mit einer schnelleren Einführung progressiver Technologien, mit einem Ersatz von Zinn durch Aluminium und Plaste entsprechend den Erwägungen einiger aus-

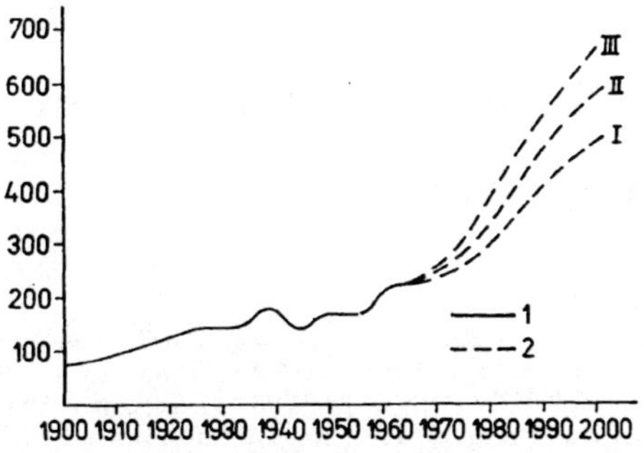

Abb. 3. Weltverbrauch an Zinn in den Jahren 1900 bis 1965 und Prognose bis zum Jahre 2000

Zinnverbrauch in 1000 t; 1 – Wirklichkeit; 2 – Alternativen der Prognosen

ländischer Hersteller, und mit der Erreichung der optimalen Kennziffern der Wiederverwendung von sekundärem Metall bis zum Jahre 2000.

Wenn die zweite (mittlere) Variante wenigstens annähernd den künftigen Bedarf der Gesellschaft charakterisiert, dann müssen in den Jahren 1965 bis 2000 zu seiner Deckung rund 14,5 Mill. t Zinn gefördert und verarbeitet werden, was etwa dem Volumen des gesamten bisher gewonnenen Metalls entspricht. Inwieweit ist das real?

Gegenwärtig sind in den Lagerstätten der wichtigsten zinnhaltigen Gebiete der Welt etwa 8 Mill. t dieses Metalls erkundet. Unter Einbeziehung der üblichen Abbau- und Verarbeitungsverluste wird man aus diesen Lagerstätten etwa 5 bis 6 Mill. t Zinn gewinnen können, was den Weltbedarf etwa bis zum Ende der 80er Jahre sichert.

3. Weltmarktpreise des Zinns, ihre Entwicklung und Prognose

Die Weltmarktpreise des Zinns werden im Vergleich mit den Preisen anderer Buntmetalle durch einen relativ gleichbleibenden, ruhigen, langsam zunehmenden Anstieg charakterisiert. Er hat sich in den letzten 85 Jahren (1881 bis 1966) etwa auf das 14fache erhöht (ausgeglichene Kurve). Das mittlere Tempo des fünfjährigen Preisanstiegs, das zu Beginn des XX. Jahrhunderts knapp 2% erreichte, übersteigt gegenwärtig bereits wesentlich 3%.

Zur Stabilisierung der Weltmarktpreise für Zinn trägt eine Reihe von Maßnahmen bei, die direkt oder indirekt von dem Internationalen Zinnrat (International Tin Council) beeinflußt werden, einem internationalen Monopolverband der Zinnproduzenten und Zinnverbraucher, der am 30. 6. 1954 zum Zwecke der Regulierung des Weltmarktes für Zinn gegründet worden ist. Unter den Bedingungen der günstigen Konjunktur der letzten Jahre beobachtet man bei einem allgemeinen Zinnmangel eine Mäßigung dieses Antagonismus und gewisse Abstriche insbesondere seitens der USA.

Tab. 4. Produktionskosten für 1 t Zinn in den Jahren 1960 bis 1962

Land	mittlere Kosten für die Produktion von 1 t Metall im Konzentrat in amerikanischen Dollars	Anteil der Produktionskosten am Weltmarktpreis des Zinns in %
Malaysia	800–1200	32– 48
Nigeria	1100–1500	44– 60
Indonesien	1800–2100	72– 84
Bolivien	3000–3300	120–132

4. Die Situation im Außenhandel mit Zinn und die Perspektiven

Für Zinn — mehr als für andere Metalle — ist eine asymmetrische Verteilung der Lagerstätten, der Verarbeitungsbetriebe und der Verbrauchszentren charakteristisch (Abb. 2). Typisch ist auch die soziale Struktur der Verteilung der Gewinnungskapazitäten — $^2/_3$ der Weltförderung des Erzes sind in Entwicklungsländern konzentriert, in denen jedoch weniger als die Hälfte des Gesamtvolumens des Metalls erzeugt werden und nur wenige Prozente des Weltbedarfs an Zinn anfallen. Ihr Anteil an der Weltförderung und am Weltverbrauch an Zinn hat sich seit Jahrzehnten praktisch nicht mehr verändert, während ihre Bedeutung bei der Verarbeitung der Zinnkonzentrate (Aufbereitung) unablässig wächst.

Die beträchtlichen Entfernungen zwischen den Lagerstätten, den Aufbereitungsbetrieben und den Verbrauchern sind eine Ursache für den lebhaften Zinnhandel. Gegenwärtig zeigt sich vor allem eine wesentliche Beschränkung des Außenhandels mit Zinnkonzentraten. Der Zeitraum der 50er und der 60er Jahre wird durch eine allgemeine Erhöhung der Hüttenkapazitäten auf der ganzen Welt charakterisiert. Ihre gegenwärtige Gesamtkapazität (ca. 380000 t) übersteigt fast um das 2fache das Produktionsvolumen des primären Metalls. Deshalb zeigt sich in der Mehrzahl der Hüttenwerke ein chronischer Rohstoffmangel. Der Export von Zinnkonzentraten hat sich im Jahre 1964 gegenüber 1938 auf 43,6% vermindert und sinkt weiter. Die Existenz von Hüttenkapazitäten in Staaten ohne eigene Rohstoffbasis, in denen noch 1965 25% der Weltproduktion der Zinnkonzentrate verarbeitet wurden, ist in der Perspektive ernsthaft gefährdet, da alle Staaten, die Zinnkonzentrat erzeugen, heute in der Lage sind, das Konzentrat in eigenen Betrieben zu verarbeiten.

Von entscheidender Bedeutung wird daher in den kommenden Jahren nur der Handel mit metallischem Zinn und mit Zinnerzeugnissen (verzinnte Bleche) sein. Der wichtigste Exporteur metallischen Zinns ist gegenwärtig Malaysia mit einem Anteil um 60 bis 64%. Den zweiten Platz nimmt Holland mit 13 bis 15% ein. Den dritten Platz in der Welt mit 9% nimmt Nigeria ein. England, Thailand und die VR China sind am Weltexport von Zinn mit je etwa 5% beteiligt. Im Weltimport von metallischem Zinn dominieren mit annähernd 30% die USA. Rund 8 bis 10% des Weltimports entfallen auf Japan, Westdeutschland, Frankreich und England. Der Anteil der UdSSR, Italiens, Kanadas und Indiens bewegt sich um 3%. Die Hauptströme des metallischen Zinns wandern von Südostasien in die USA, wohin in der Mitte der 50er Jahre auch große Lieferungen aus Westeuropa gingen (Abb. 3).

Im Zinnexport und in der Bedarfsdeckung der sozialistischen Staaten besitzt die VR China eine spezifische Funktion. Ende der 50er und Anfang der 60er Jahre exportierte sie praktisch die gesamte Zinnproduktion in die UdSSR, von wo nach Raffination eine gewisse Menge dieses Metalles in die volksdemokratischen Länder reexportiert wurde, wodurch dort fast der gesamte Bedarf gedeckt werden konnte. Infolge der Veränderung in der politischen Situation hat sich in den letzten Jahren die Zinnmetallproduktion in der Volksrepublik China wesentlich verringert. Die Situation in der Bedarfsdeckung der europäischen sozialistischen Staaten, aber in gewissem Maße auch der UdSSR, ist in letzter Zeit ziemlich ungünstig geworden.

Tabelle 5

Staat	Anteil des Zinnexports am Gesamtexport in %	
	1937	1957
Indonesien	8	5
Malaysia	21	9
Thailand	23	7
Bolivien	64	63

Der Anteil des Zinns am Gesamtexport der Hauptproduktionsgebiete geht ständig zurück; damit vermindert sich auch die Abhängigkeit dieser Länder vom Export dieses Metalles, wodurch gleichzeitig die Möglichkeit von Preismanipulationen in Zeiten der Konjunktur zunimmt (Tab. 5).

Zur Entwicklung der Erdölerkundung in der Republik Indien

Mit einigen Bemerkungen zu den Erdöllagerstätten Assams

HANS HETZER, Berlin

In der Statistik der Welterdölförderung nimmt die Republik Indien nur einen sehr bescheidenen Platz ein, obwohl sie zu den Ländern gehört, in denen das Vorkommen von Erdöl bereits seit langer Zeit bekannt ist. Der erste Erdölfund von industrieller Bedeutung wurde im Jahre 1890 gemacht. Die nachfolgenden Ausführungen sollen einen kurzen Überblick über die Probleme und die Entwicklung der Erdölerkundung in Indien und über die seit Erreichung der Unabhängigkeit erzielten Ergebnisse vermitteln.

In Abb. 1 wird ein Überblick über die erdölhöffigen Sedimentationsbecken des indischen Subkontinents gegeben. Diese Becken, die insgesamt eine Fläche von nahezu 1 Mill. km² bedecken, sind angefüllt mit mächtigen mesozoischen und tertiären Sedimenten und wurden bis jetzt nur in einem sehr geringen Umfang erdölgeologisch untersucht. Die erste Lagerstätte, Digboi, wurde 1890 in Assam entdeckt, wo Ölaustritte in den Dschungeln des Brahmaputratales bereits vorher Aufmerksamkeit erregt hatten, aber erst durch den Bau einer Eisenbahnlinie zur Erschließung der dort gelegenen kleinen Kohlefelder in den achtziger Jahren auch die technischen Voraussetzungen für die Aufnahme von Erdölbohrungen geschaffen wurden.

Während in der ersten Zeit der Ausbeutung dieser Lagerstätte die Förderung bei 20000 t/Jahr blieb, wurde sie bis 1934 auf etwa 250000 t jährlich erhöht.

In dieser Zeit und auch weiterhin bis zum Ausbruch des zweiten Weltkrieges wurden Such- und Erkundungsarbeiten auf neue Erdöl-Erdgas-Lagerstätten nur in sehr geringem Umfang in Assam und einigen anderen Teilen des Landes durchgeführt. Die großen internationalen Erdölgesellschaften waren an Indien nicht sonderlich interessiert, da sich in anderen Teilen der Welt weit lukrativere Gebiete anboten. Die ersten gravimetrischen und seismischen Arbeiten wurden in Indien überhaupt erst 1937 unternommen. Es ist nicht verwunderlich, daß bei diesen in geringem Umfang betriebenen und noch dazu wissenschaftlich wenig oder gar nicht vorbereiteten Arbeiten keine nennenswerten Erfolge erzielt wurden.

Nach Erlangung der Unabhängigkeit stand die indische Regierung vor der Situation, daß im Lande keinerlei eigene Kapazitäten für die Entwicklung einer systematischen Erdöl-Erdgas-Erkundung vorhanden waren und außerdem Experteneinschätzungen vorlagen, wonach wenig Aussichten für den Nachweis weiterer Erdöl- oder Erdgaslagerstätten bestehen sollten. In den ersten Jahren nach Bildung der Republik Indien gab es daher wenig Aktivität zur Verstärkung der Arbeiten in der Erdöl-Erdgas-Erkundung. Durch ein Gesetz wurde zwar im Jahre 1948 das alleinige Recht des Staates auf die Durchführung der Erdölerkundung fixiert, die Aktivität jedoch zunächst weiter durch die Vergabe von Konzessionen den kapitalistischen Erdölgesellschaften überlassen. Erst 1955 wurde eine Abteilung für Erdöl und Erdgas beim Ministerium für Bodenschätze gebildet, aus der 1959 die staatliche Erdöl-und-Erdgas-Kommission ONGC hervorging.

Die ONGC begann ihre ersten Arbeiten noch gemeinsam mit der in der Hauptsache englischen Gesellschaft Burmah-, später Assam Oil Company unter Bildung der gemischten Gesellschaft Oil India Ltd. in einem Gebiet in Assam, wo durch die Burmah Oil Company bereits weitere Anzeichen von Erdöl nachgewiesen worden waren. In allen übrigen erdölhöffigen Gebieten der Republik Indien entwickelte die ONGC eigene Initiative, wobei sie seit mehreren Jahren intensiv durch sowjetische Hilfe unterstützt wird. Diese gemeinsamen Arbeiten führten zum Nachweis neuer Erdöl- und Erdgaslagerstätten sowohl in dem klassischen Gebiet von Assam als auch in neuen Gebieten, vor allem im Golf von Cambay (s. Abb. 1).

Eingang des Manuskripts in der Redaktion: 14. 11. 1968.

Damit konnten die Voraussetzungen geschaffen werden, die Erdölförderung von 2,9 Mill. t im Jahre 1965 auf 4,6 Mill. t 1966 und rd. 5,9 Mill. t im Jahre 1967 zu steigern. Die Vorräte Indiens wurden Ende 1967 auf rd. 220 Mill. t Erdöl und ca. 70 Mrd. m³ Erdgas geschätzt, lassen also in den nächsten Jahren eine weitere Steigerung der Erdölförderung und vor allem, nach Schaffung der geeigneten Einsatzmöglichkeiten, die Entwicklung einer nennenswerten Erdgasförderung zu.

Einen wesentlichen Anteil an diesen guten Ergebnissen hat jetzt und auch in Zukunft das Gebiet von Assam. Nachstehend werden daher einige Eindrücke wiedergegeben, die dort vor mehreren Jahren auf einer Exkursion gewonnen werden konnten.

Stratigraphie und Tektonik Assams

Der geologische Bau Assams, im Norden durch die Ketten und die großen Südrandüberschiebungen des östlichen Himalaja begrenzt, ist bestimmt durch die bis zu 1500 m über NN hohen Aufragungen des kristallinen Grundgebirges im Shillong-Plateau und den Mikir-Bergen, über das sich nach allen Seiten hin über geringmächtiger Kreide mächtige Serien des Tertiärs und Quartärs auflagern, wobei die Mächtigkeit des Tertiärs nach S und SE schnell auf 10000 m und mehr ansteigt (s. Abb. 2). Das kristalline Grundgebirge setzt sich aus wahrscheinlich präkambrischen Gneisen, Quarziten und Tonschiefern mit Intrusionen von Granit, Peridotit und Dolerit zusammen.

In der tertiären Schichtenfolge sind deutlich eine Schelffazies im Nordteil des Gebiets, im Bereich der Aufragungen des kristallinen Grundgebirges sowie nordöstlich daran anschließend, und eine Geosynklinalfazies südlich davon zu unterscheiden. Es wird angenommen, daß das Schelfgebiet von einem weit nach NE reichenden Sporn des Indischen Schildes gebildet wurde. Dieses Gebiet blieb während des gesamten Tertiärs relativ stabil und zeigte eine nur langsam sinkende Tendenz, die teilweise von Stillstandszeiten und lokalen Hebungen unterbrochen wurde, während in der südlich anschließenden Geosynklinale, vor allem auch im Bereich von Ostpakistan und Burma, beträchtliche Ab-

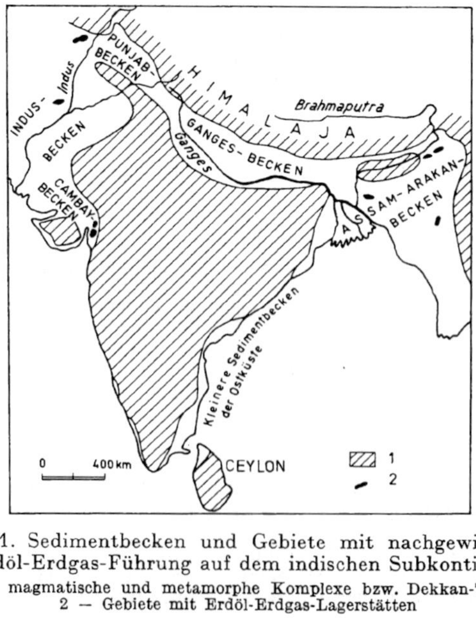

Abb. 1. Sedimentbecken und Gebiete mit nachgewiesener Erdöl-Erdgas-Führung auf dem indischen Subkontinent

1 — magmatische und metamorphe Komplexe bzw. Dekkan-Trapp, 2 — Gebiete mit Erdöl-Erdgas-Lagerstätten

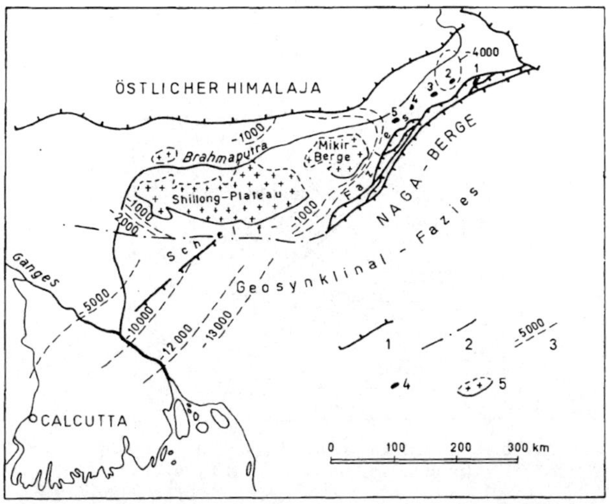

Abb. 2. Skizze des tektonischen Baues und der Lage der Erdöllagerstätten von Assam (nach MATHUR & EVANS 1964)

1 – Überschiebungszonen, 2 – Störungszone, 3 – Tiefenlage des kristallinen Grundgebirges in m, 4 – Erdöllagerstätten in Assam, 5 – kristallines Grundgebirge
1 – Digboi, 2 – Nahorkatiya, 3 – Moran, 4 – Lakwa, 5 – Rudrisagar

senkungsbeträge erreicht wurden. So stehen in den einzelnen Stufen des Tertiärs wenigen hundert Meter Mächtigkeit auf dem Schelf oft mehrere tausend Meter Mächtigkeit in der Geosynklinale gegenüber. Die größten Differenzen werden im unteren Miozän erreicht, wo etwa 200 m auf dem Schelf über 6000 m Sedimenten in der Geosynklinale entsprechen sollen. Dabei ist zu berücksichtigen, daß auch bei Annahme einer intensiven Verschuppungstektonik diese Gebiete außerordentlicher Sedimentationsunterschiede nicht mehr als 100 bis 200 km auseinander lagen. Insgesamt rechnen die in Assam tätigen Geologen mit Mächtigkeiten des Tertiärs von etwa 5000 m auf dem Schelf und mehr als 13000 m in der Geosynklinale. Vereinzelt zeigt sich auch eine zeitlich beschränkte Umkehr der Verhältnisse, so sollen im höheren Miozän die Mächtigkeiten auf dem Schelf z. T. höher sein als in der Geosynklinale. Hier können aber auch stratigraphische Unsicherheiten, auf die noch eingegangen wird, zu Fehleinschätzungen geführt haben.

Die Grenze zwischen dem Schelf- und dem Geosynklinalgebiet wird im Bereich südlich des Shillong-Plateaus durch eine große Störungszone gebildet, die nach Osten in eine Schuppenzone übergeht (s. Abb. 2). Diese Störungszone ist sehr alt angelegt, wahrscheinlich schon seit dem Präkambrium, und bis in unsere heutige Zeit noch aktiv. Die größten nachweisbaren Bewegungen traten während des Tertiärs auf, eine der letzten Bewegungen ereignete sich im Jahre 1880, als der Ort Shillong durch ein Erdbeben zerstört wurde.

Beträchtliche Schwierigkeiten bereitet die stratigraphische Klassifizierung der tertiären Schichten Assams und damit ihre Korrelation über größere Entfernungen. Fossilien für eine Einstufung der einzelnen Serien sind selten und treten nur vereinzelt häufiger auf, z. B. in den Schichten des Eozäns auf dem Schelf. Allerdings muß dazu bemerkt werden, daß neuere Untersuchungen, auch hinsichtlich der Möglichkeiten einer Gliederung mittels Pollen und Sporen, noch in den Anfängen stecken und das Auftreten verschiedener Faunengemeinschaften die Einschätzung zuläßt, daß auch eine echte biostratigraphische Gliederung möglich wird.

Die Klassifizierung der Schichtenserien wird weiter erschwert durch die Seltenheit von lithologisch eindeutig zu bestimmenden und über längere Strecken aushaltenden Gesteinsserien. Die ganze Folge des Tertiärs ist aufgebaut aus einer Wechsellagerung von Sandsteinen und Tonsteinen, in die, vor allem auf dem Schelf, Kohlenflöze, Mergel, Kalke und Konglomerate eingelagert sind. Dabei können aber bereits über Entfernungen von wenigen hundert Metern deutliche Änderungen in der Sedimentation auftreten.

Die einzige Möglichkeit für eine Untergliederung des mächtigen Tertiärs ergab sich daher zunächst auf der Grundlage von Schwermineralien. Durch die Untersuchung vieler tausend Proben während der geologischen Erforschung Assams wurden charakteristische Veränderungen in der Zusammensetzung der Schwermineralien in den einzelnen Folgen festgestellt, die es ermöglichen, über Entfernungen bis zu 100 km und mehr eine Korrelation von über Tage aufgeschlossenen und in Bohrungen durchteuften Schichtenfolgen vorzunehmen. Als „diagnostische" Mineralien werden dabei in erster Linie Epidot, Zoisit und Disthen verwendet. Aus einer Kombination dieser lithostratigraphischen Gliederung mit vereinzelten biostratigraphischen Untersuchungen ergab sich die Möglichkeit, zwei markante Diskordanzen auszuscheiden, die auch in dem biostratigraphisch besser untersuchten Tertiär Burmas auftreten, so daß ein Vergleich beider Gebiete und damit auch eine ungefähre altersmäßige Zuordnung der lithostratigraphischen Komplexe Assams zu den einzelnen Abteilungen des Tertiärs möglich wurde.

Die Einschränkungen dieser Methode zeigen sich jedoch z. B. darin, daß ein für die lithostratigraphische Grenzziehung chrakteristischer Sprung in der Häufigkeit des Auftretens von Epidot über eine Entfernung von etwa 300 km aus dem mittleren Miozän bis an die Obergrenze des Miozäns wandert. Damit wird der Vergleich von Schichtenserien über größere Entfernungen auf der Grundlage von Schwermineraluntersuchungen in diesem Gebiet fraglich. Dasselbe gilt dann natürlich auch für daraus abgeleitete Schlußfolgerungen hinsichtlich der Mächtigkeit der einzelnen Abteilungen oder ihrer tektonischen Position. Auf kürzere Entfernungen (100 bis 200 km) hat sich die angewandte Methode jedoch bestens bewährt und bildet auch heute noch die wichtigste Grundlage für die Erdölerkundung in Assam.

Die Hauptfaltung der Schichtenserien erfolgte am Ende des Tertiärs. Dabei wurden, wie die Prinzipskizze der Abb. 3 zeigt, die geosynklinalen Schichtenfolgen intensiv verfaltet und verschuppt und an einer großen Überschiebungszone, der Naga-thrust, auf die infolge der Versteifung des Untergrundes durch das Kristallin des Shillong-Plateaus bedeutend weniger verfalteten Schelfsedimente aufgeschoben. Die von einzelnen Bearbeitern dabei angenommenen beträchtlichen Querbewegungen entlang der Überschiebungszone bedürfen noch eingehender Untersuchungen auf der Grundlage einer verbesserten stratigraphischen Gliederung.

Die Erdöllagerstätten Assams

Die bisher bekannten Erdöllagerstätten Assams sind an Strukturen am Rande der Schuppenzone oder an kompliziert gebaute, tektonisch stark zerstückelte Antiklinalen im Bereich des ehemaligen Schelfs gebunden.

Die Lagerstätte von Digboi, die, wie schon erwähnt, bereits seit 1890 bekannte älteste Erdöllagerstätte Indiens, gehört zum ersten Typ. In Abb. 4 zeigt eine Prinzipskizze ihren strukturellen Bau. Charakteristisch ist, daß die liegende Begrenzung der erdölführenden Serie durch eine Überschiebung gebildet wird. Unterhalb der Überschiebung ist im selben stratigraphischen Niveau keine Erdölführung mehr angetroffen worden.

Innerhalb der erdölführenden Tipam-Serie (oberes Miozän), die insgesamt etwa 1000 m mächtig ist, treten bis zu 24 erdölführende Sandsteinhorizonte auf, die durch Tonsteinlagen voneinander getrennt sind. Die Sandsteine sind linsenartig in die überwiegend tonige Schichtenfolge eingelagert; die ganze Serie wird als Deltasediment charakterisiert. Infolge der schnellen lithologischen Veränderungen schwankt die Permeabilität bereits auf kurze Entfernungen sehr stark.

Bedingt durch die bereits um die Jahrhundertwende einsetzenden Aufschlußarbeiten und die damals noch unvoll-

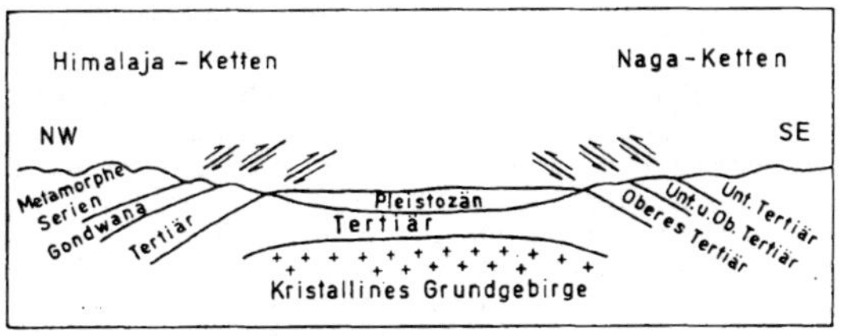

Abb. 3. Schematisches Querprofil durch Assam

ständigen Technologien sowie durch die komplizierten lithologischen Verhältnisse sind auf dieser Lagerstätte, die eine ursprüngliche Fläche von 10 bis 11 km² hatte, bis jetzt über 1000 Bohrungen mit Teufen zwischen wenigen hundert und über 3000 m niedergebracht worden. Der erdölführende Bereich liegt in Teufen zwischen 500 und 1500 m. Der Abstand zwischen zwei Bohrungen beträgt gewöhnlich 100 m und geht stellenweise herunter bis auf 50 m! Da die Bohrtürme für die Durchführung von Reparaturarbeiten jeweils stehengelassen wurden oder Hilfsgeräte an ihre Stelle traten, erstreckt sich über den Bereich der Lagerstätte ein wahrer Wald von Bohrgerüsten. Heute stehen noch etwa 370 Bohrungen in Produktion, aus denen täglich insgesamt rd. 550 t Erdöl gewonnen werden. Solange eine Bohrung noch die Mindestmenge von 1 barrel/Tag (rd. 0,14 t) erbringt, bleibt sie in Betrieb. Dabei fördern die meisten Bohrungen aus 6 bis 8 Lagern. Die Förderung erfolgt etwa je zur Hälfte durch Gaslift und durch Fluten; Pumpförderung hat sich infolge hoher Absandung in den Speichergesteinen nicht bewährt. Beim Fluten wird mit Wassermengen von $^1/_2$ bis $^3/_4$ m³/m³ Erdöl je nach Feldesteil gerechnet.

Das Erdöl hat ein spezifisches Gewicht von 0,84 und setzt sich aus 23% Benzin, 22% Kerosin, 13% Dieselöl, 11% Heizöl, 10% Paraffin und dem Rest Verschiedenes zusammen. Der hohe Paraffingehalt kann teilweise bis zu 16% ansteigen. Der hohe Stockpunkt des Erdöls (30 °C) bereitet große Schwierigkeiten beim Transport in den Erdölleitungen, insbesondere im Winter, obwohl die tiefsten Temperaturen bei +18 °C liegen. Zur Überwindung dieser Schwierigkeiten sind sämtliche Ölfeldleitungen oberirdisch verlegt und mit einem Heizmantel umgeben. Über den Bereich der Lagerstätte verstreut ist ein Netz von Lokomobilen aufgebaut, die beim Absinken der Außentemperaturen unter 30 °C mit Erdölbegleitgas aus den Separatorenstationen angeheizt werden und in den Rohrleitungen für die nötige Wärme sorgen.

Insgesamt sind aus der Lagerstätte Digboi bis jetzt rd. 10 Mill. t Erdöl gewonnen worden, das in einer unmittelbar neben der Lagerstätte gelegenen Raffinerie der Assam Oil Company verarbeitet wird. Die Raffinerie hat eine Kapazität von rd. 500000 t/Jahr und wird zum größten Teil aus der Lagerstätte Nahorkatiya versorgt. Insgesamt beschäftigt die Assam Oil Company in Digboi etwa 2700 Arbeitskräfte, davon 500 in der Förderung und dem Transport des Erdöls.

Die Lagerstätte von Nahorkatiya, die 1953 entdeckt, aber erst in den letzten Jahren systematisch aufgeschlossen wurde, unterscheidet sich deutlich von der von Digboi. Sie ist an eine langgestreckte, in zahlreiche Blöcke gegliederte Antiklinale gebunden. Die erdölführende Serie des Barail (Oligozän) liegt mit einer zwischen 40 und 370 m schwankenden Mächtigkeit bei 3000 m Teufe, die effektive Mächtigkeit beträgt 30 bis 100 m.

Die bereits sehr komplizierte tektonische Situation wird weiter erschwert durch außerordentlich stark wechselnde lithologische Verhältnisse; die erdölführenden Sande sind zumeist in Form rinnenförmiger Senken abgelagert. Die Permeabilitäten schwanken dadurch zwischen wenigen md und über 4000 md, ähnlichen Schwankungen unterliegt die Porosität.

Zur Untersuchung der Lagerstätte waren daher zahlreiche Bohrungen notwendig, die ergeben haben, daß die Ölführung von zwei Faktoren abhängt: dem Auftreten von Sandlinsen oder -kanälen und der Lage des Öl/Wasser-Kontakts in jedem einzelnen tektonischen Block. Insgesamt waren bis 1964 über 140 Bohrungen niedergebracht, von denen 105 erdölfündig wurden. Die Förderung blieb bis dahin gering und stieg erst nach 1964 sprunghaft an, 1966 wurden bereits 2 Mill. t erreicht, 1967 stieg die Förderung auf 2,6 Mill. t. Pro Fördersonde werden 75 bis 100 t/Tag erzielt.

Die ausbringbaren Vorräte (prooved reserves) werden mit rd. 50 Mill. t angegeben.

Die Durchführung der Erkundungsarbeiten im Gebiet der Lagerstätte Nahorkatiya wird wesentlich durch die erreichten hohen Bohrgeschwindigkeiten begünstigt. Der Rekord liegt beim Abteufen von 729 m in einer Schicht. Durchschnittlich werden je Bohrgerät im Jahre 8 bis 9 Bohrungen von 3000 m Teufe fertiggestellt. Zum Antrieb der z. T. sehr veralteten Bohrgeräte werden anstelle von Motoren meist Lokomobilen verwendet, die wie in Digboi mit Erdölbegleitgas aus den Separatorenstationen betrieben werden.

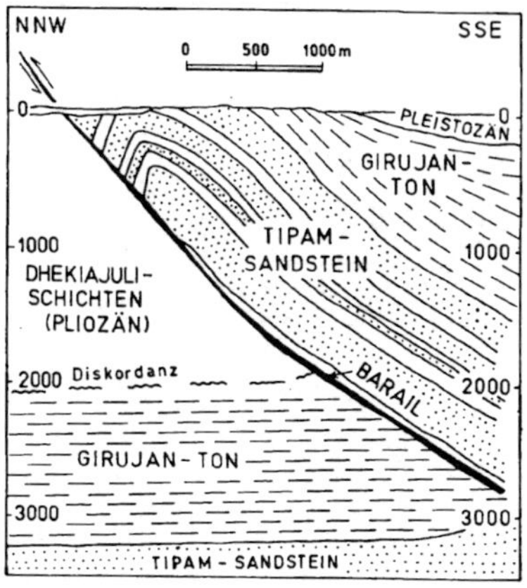

Abb. 4. Profil durch die Lagerstätte Digboi (nach MATHUR & EVANS 1964)

Neuerdings gelangen jedoch mehr und mehr sowjetische Bohrgeräte vom Typ 3D zum Einsatz.

Das geförderte Erdöl hat etwa die gleiche Qualität wie das der Lagerstätte Digboi. Schwierigkeiten bereiten auch hier wieder der hohe Paraffingehalt und der bei 29 bis 32 °C liegende Stockpunkt, so daß das Erdöl vor dem Transport durch eine Erdölleitung zu verschiedenen kleinen Raffinerien, unter anderem über eine Entfernung von 1150 km bis nach Barauni in Ostbihar, einer speziellen Behandlung unterzogen werden muß. In einer besonders für diesen Zweck errichteten Anlage wird das Erdöl auf 100 °C aufgeheizt und danach schnell (3 °C/min) auf 18 °C abgekühlt. Durch die dabei erzielte Veränderung in der Molekularstruktur wird der Stockpunkt gesenkt, und das Erdöl bleibt auch bei geringeren Temperaturen transportfähig.

Die in den letzten Jahren in gemeinsamer Arbeit von indischen und sowjetischen Geologen betriebenen forcierten Erkundungsarbeiten führten bereits zum Nachweis der neuen Lagerstätten Moran, Rudrisagar und Lakwa, so daß sich der Anteil Assams an der indischen Erdölförderung in den nächsten Jahren weiter erhöhen wird.

Unter dieser Überschrift **„Probleme der Erdölerkundung in Indien"** beschreibt N. A. KALININ, der mehrere Jahre als Leiter einer Gruppe sowjetischer Erdölspezialisten erfolgreich in der Republik Indien tätig war, in Teil I des „Report of the Twenty-Second Session India 1964 — International Geological Congress, New Delhi 1964" die prinzipiellen Merkmale der geologischen Struktur und der Erdöl-Erdgas-Höffigkeit des indischen Territoriums. Dabei gibt er gleichzeitig eine Übersicht über die bisher entdeckten Erdöl-Erdgas-Lagerstätten, insbesondere des Cambay-Beckens. Der Autor weist nach einer kurzen Beschreibung der Stratigraphie in den einzelnen Sedimentationsbecken vor allem auf die Bedeutung alt angelegter Tiefenstörungen (Lineamente) hin, die stark auf die Entwicklung der sedimentären Formationen und der Großstrukturen einwirken sollen und an denen weitreichende Verschiebungen der einzelnen Blöcke des präkambrischen kristallinen Fundaments erfolgten.

Auf der Grundlage von Analysen der erdölgeologischen Situation in den einzelnen Sedimentationsbecken gibt N. A. KALININ eine begründete Einschätzung dafür, daß günstige Aussichten für den Nachweis von Erdöl-Erdgas-Lagerstätten sowohl in den bekannten als auch in neuen Gebieten bestehen. Bereits die heute vorhandenen Vorräte ermöglichen eine Entwicklung der Förderung auf 7—8 Mill. t Erdöl und 1,5 bis 2 Mrd. m³ Erdgas im Jahr.

Besondere Aufmerksamkeit wird der Einschätzung der prognostischen Vorräte sowie der Festlegung der weiteren Richtung der Such- und Erkundungsarbeiten geschenkt. Nach einer kurzen Einschätzung der verschiedenen Möglichkeiten für die Berechnung prognostischer Erdöl-Erdgas-Vorräte wird dargestellt, daß von den eine Fläche von etwa 1 Mill. km² umfassenden Sedimentationsbecken auf dem Festland rd. 400000 km² als höffig anzusehen sind. Dazu kommt eine Fläche von 3,1 Mill. km² in den Schelfgebieten des Arabischen Meeres und des Golfs von Bengalen, so daß die gesamte erdöl-erdgas-höffige Fläche 3,5 Mill. km² beträgt. Unter Anwendung verschiedener Berechnungsmethoden werden die prognostischen Vorräte für die Landgebiete und für die Schelfgebiete bis 50 m Tiefe (zusammen rd. 500000 km²) mit 4 Mrd. t Erdöl, davon 3 Mrd. t auf dem Festland, und 1600—1800 Mrd. m³ Erdgas eingeschätzt.

N. A. KALININ hebt hervor, daß damit dem Territorium der Republik Indien eine große Erdgas-Erdöl-Höffigkeit gegeben werden kann, die Kenntnisse über die Gesetzmäßigkeiten der Verteilung der Erdöl-Erdgas-Lagerstätten aber noch unzureichend sind. Als Hauptaufgaben für die weitere Arbeit werden herausgestellt:

a) Bau und Zusammensetzung des präkambrischen Fundaments,
b) Beziehungen zwischen Fundament und Bau sowie Entwicklung der Sedimentbecken,
c) Klassifizierung der Sedimentbecken,
d) Suche nach Erdöl in mesozoischen und paläozoischen Schichtenfolgen,
e) detaillierte Untersuchung der erdöl- und erdgas-führenden Becken einschließlich neuer Gebiete an der Ost- und Westküste sowie in den Schelfgebieten bis zu Tiefen von 50 bis 100 m;
f) Einschätzung der prognostischen Vorräte.

Ausgehend von diesen Hauptaufgaben wird eine Reihe von Hinweisen auf notwendige spezifische Untersuchungen gegeben. Die Sucharbeiten nach neuen erdöl-erdgas-führenden Regionen werden neben den bereits bekannten Gebieten (Assam- und Cambay-Becken) vor allem auf die südliche Verlängerung des Cambay-Beckens, auf die Schelfgebiete vor der Halbinsel Kutch, die Schelfgebiete im Bereich der Lakkadiven und Malediven, das Territorium des Staates Madras sowie die Schelfgebiete vor den Staaten Andhra Pradesh, Orissa und Westbengalen orientiert. Der Autor schätzt ein, daß bei der Untersuchung dieser Gebiete und der Lösung der vorgeschlagenen Hauptaufgaben große wirtschaftliche Erfolge erzielt werden können.

Zusammenfassung

Nach einem kurzen Überblick über die Entwicklung der Erdölerkundung in Indien wird darauf eingegangen, welche Erfolge nach der Gründung der Republik Indien durch die Staatliche Erdöl-Erdgas-Kommission (ONGC) erzielt werden konnten. Mit dem Nachweis neuer Lagerstätten und der ständig steigenden Erdölförderung wurden die Thesen von einer angeblichen Aussichtslosigkeit weiterer Erdöl-Erdgas-Erkundungsarbeiten in Indien widerlegt. Anhand der Lagerstätten Digboi und Nahorkatiya werden einige Eindrücke von der Erdölgeologie Assams, dem nordöstlichsten Sedimentbecken Indiens, dargelegt.

Резюме

После краткого обзора о развитии разведки на нефть в Индии описывается, какие успехи достигла Государственная Комиссия по нефти и газу (НОГС) после основания Индийской Республики. Обнаружением новых месторождений и постоянно повышающейся добычей нефти были опровержены тезисы о бесперспективности дальнейших разведочных работ на нефть и газ в Индии. На основе данных месторождений Дигбой и Нахоркатыя изображены некоторые впечатления, полученные от нефтяной геологии Ассама — самого северо-восточного осадочного бассейна Индии.

Summary

A brief review of the development of oil exploration in India precedes the description of successes achieved by the Oil-and Natural-Gas-Commission (NOGC) after the foundation of the Indian Republic. Theses of an alleged hopelessness of further exploratory works for oil and gas in India were disproved by a demonstration of new deposits and a constantly rising oil production. The deposits of Digboi and Nahorkatiya serve as examples for giving some impressions from the oil geology of Assam, the northeasternmost sedimentary basin of India.

Literatur

DALTON, W. D.: Petroleum Development in Far East in 1966. — Amer. Assoc. Petr. Geol. Bull., 51, 1649—1668 (1967).

KALININ, N. A.: Problems of oil and gas geology in India. — Proc. Intern Geol. Congress, 23. Sess., part I, 241—270, New Delhi 1964.

MATHUR, L. P., & P. EVANS: Oil in India. — Intern. Geol. Congr., 23. Sess. New Delhi 1964.

Eine neue Makrointegriervorrichtung für petrographische Arbeiten

KARL-HEINZ JOHN & WOLFGANG LINDERT, Berlin

(Mitteilung: Lehrstuhl für Geologie an der Humboldt-Universität)

1. Einleitung

Die quantitative Gesteinsanalyse ist ein integrierender Bestandteil der petrographischen Forschung. Sie vermittelt Kenntnisse über die voluminale Zusammensetzung der am Gesteinsaufbau beteiligten Gemengteile und ist bei zahlreichen Fragestellungen unumgänglich. Von den hierzu entwickelten Untersuchungsverfahren hat sich für den Festgesteinsbereich die von GLAGOLEW (1933) begründete Punktzählmethode (LAMPRECHT 1954) als die rationellste erwiesen. Sie teilt die zu untersuchende Fläche in ein Punktgitter oder in eine Punktspirale auf. Dabei kann man unmittelbar die Prozentanteile der Punktzahlen einzelner Komponenten an der Gesamtzahl der Meßpunkte feststellen. Die erzielten Werte verhalten sich näherungsweise wie die Volumina der Gemengteile. Die Maschenweite des Meßpunktgitters regelt sich nach der mittleren Korngröße des untersuchten Gesteins. Mit den herkömmlichen Geräten — in der DDR gehört hierzu die elektrische Integriervorrichtung „Eltinor" (BOHNKE & SCHEPLITZ 1958) des VEB ROW — können jedoch nur Dünnschliffe von Gesteinen kleiner und mittlerer Korngröße nach dieser Methode vermessen werden. Bei Korngrößen von über 3 mm ist entsprechend dem geringen Flächenausschnitt, den ein Gesteinsdünnschliff bietet, die Richtigkeit der Aussage stark in Frage gestellt, worauf EMERSON (1958) aufmerksam machte. Die quantitative Zusammensetzung gröberer Gesteine mußte in der Vergangenheit nach anderen, zeitaufwendigeren Verfahren, unter welchen die planimetrische Methode und die von ROSIWAL (1898) eingeführte Indikatrixmethode hervorzuheben sind, bestimmt werden.

Neuerdings wurden nun die technischen Voraussetzungen geschaffen, um die Punktzählmethode auch auf grobkörnige Bereiche anwenden zu können. Es handelt sich um ein von RICHTER (1965) vorgestelltes Universalstativ mit Integriervorrichtung, das in Verbindung mit einem aufgesetzten Auflichtmikroskop und einer separaten Zählanlage speziell

Eingang des Manuskripts in der Redaktion: 4. 10. 1968.

die quantitative Analyse großflächiger und grobkörniger Objekte im Anschliff ermöglicht (Abb. 1).

Über die ersten mit dieser Neukonstruktion erzielten Arbeitsresultate soll im folgenden kritisch berichtet werden.

2. Bemerkungen zur Methodik

Auf petrographischem Gebiet ist das neue Gerät für Sedimente und kristalline Gesteine gleichermaßen einsatzfähig, vorausgesetzt, daß die gesteinsbildenden Komponenten so groß sind, daß sie bei Betrachtung durch das Auflichtmikroskop einwandfrei identifiziert werden können. Erfahrungsgemäß liegt die Untergrenze des megaskopischen Auflösungsvermögens bei den Mineralien etwa bei 1 mm und bei Gesteinsbruchstücken zwischen 2 und 3 mm. Eine starke Beleuchtungsquelle und das Anfeuchten der zu untersuchenden Gesteinsplatte mit verdünntem Glyzerin erleichtern die schnell geforderte Entscheidung bei der Ansprache der Gemengteile. Für die Beobachtung erweist sich eine Vergrößerung von etwa 1:20 als günstig. Um einwandfreie Ergebnisse zu erzielen, empfiehlt es sich, würfelförmig geschnittene Untersuchungsobjekte zu verwenden und aus den an drei senkrecht zueinander orientierten Ebenen durchgeführten Integrationen einen repräsentativen Mittelwert zu bilden. Ein derartiges Vorgehen ist vor allem bei Proben mit deutlich gerichteten Gefügen unbedingt erforderlich. Die Würfelgröße und die Maschenweite des Meßpunktgitters werden entsprechend der Aufgabenstellung festgelegt. Für die Meßpunktzahl auf einer Würfelfläche können die von ROSIWAL aufgestellten Normen über die Mindestlänge der Indikatrix (hier als Produkt von Schrittweite und Meßpunktzahl) zugrunde gelegt werden. Die Bearbeitung mehrerer Proben eines Fundpunktes ist zur Gewinnung qualitativ guter Ergebnisse nötig. Für die Auszählung der Komponenten erweist sich die Verwendung eines zusätzlichen elektrischen Zählgeräts neben der an der Tasterplatte angebrachten manuellen Registriereinrichtung als günstig.

Um einen Einblick in die Einsatzmöglichkeiten des Makrointegriergeräts bei petrographischen Arbeiten zu vermitteln, seien im folgenden einige Meßreihen an

Abb. 1. Makrointegrationsgerät in Arbeitsstellung
Aufnahme: STEINMANN

qualitativ verschiedenartigen Gesteinen mitgeteilt. Ihr Genauigkeitsgrad wird an Hand des Vergleichs mit Dünnschliffintegrationen diskutiert.

3. Einsatz bei Sedimentiten

Das wohl wichtigste Anwendungsgebiet der Neukonstruktion sind die grobklastischen Sedimentite, deren quantitative Zusammensetzung bisher durch Kornzählungen, Planimetrierungen oder Indikatrixvermessungen bestimmt werden mußte. Da diese Verfahren sehr zeitaufwendig sind, wurden entsprechende Untersuchungen für zahlreiche Horizonte bisher noch nicht oder nur in sehr geringem Umfang durchgeführt. Das gilt auch für die im variszischen Flysch des Harzes auftretenden Geröllgrauwacken, die hier als Beispiel besprochen werden sollen.

Grobklastische Ausbildungen liegen in nahezu sämtlichen oberdevonischen bis unterkarbonischen Flysch-Serien des Harzes vor. Es handelt sich dabei um linsenförmige Gesteinskörper unterschiedlicher Größenordnung, in deren Geröllgemeinschaft neben Tonschiefern, Grauwacken, Quarziten, Kieselschiefern, Kalken und Diabasen besonders Granite, Quarzporphyre und Regionalmetamorphite auffallen, da dieselben keine Bezugshorizonte im Harzpaläozoikum besitzen. Das

Tab. 1. Voluminale Zusammensetzung einiger Flyschgeröllgrauwacken des Harzes nach der Makro- und Mikrointegration

	Mittelharzer „Kulm"-Grauwacke				Grauwacken des Tanner Systems				Südharz-Selke-Grauwacke			
Lokalität (Meßtischblatt)	Fenstermacher-Berg (Wernigerode)		Forstort Hühnerbleek (Elbingerode)		Straßberg-Lindenberg (Harzgerode)		Unteres Badeholz (Harzgerode)		Großer Nonnenforst (Benneckenstein)		St. Spiritusholz (Ballenstedt)	
Integrationsart	mega-	mikro-skopisch	mega-	mikro-skopisch	mega-	mikro-skopisch	mega-	mikro-skopisch	mega-	mikro-skopisch	mega-	mikro-skopisch
Quarz und Quarzit	23,5	16,3	15,8	7,3	14,6	10,5	26,1	21,2	17,0	18,3	26,6	19,8
Grauwacke und Pelit	12,6		8,0		4,2		21,1		13,8		17,6	
Kieselschiefer	2,7	21,0	4,2	19,2	1,4	8,5	1,9	15,0	1,1	18,9	1,3	25,4
Kalk	1,3		3,6		–		0,3		–		–	
Sedimentgerölle insgesamt	40,1%	37,3%	31,6%	26,5%	20,2%	19,0%	49,4%	46,2%	31,9%	37,2%	45,5%	45,2%
Granit	5,9	6,0	9,6	8,9	1,3	2,3	3,5	4,8	4,5	2,4	3,5	1,9
Quarzporphyr	3,3	5,3	8,9	10,9	6,5	5,0	4,9	7,3	5,7	3,8	5,2	3,8
Diabas	12,0	7,2	11,1	11,5	11,1	15,5	10,8	10,0	10,7	7,9	12,8	12,1
Regionalmetamorphite	3,9	2,2	1,7	1,2	2,5	3,2	4,5	6,2	2,7	2,0	4,5	1,7
Kristallingerölle insgesamt	25,1%	20,7%	31,3%	32,5%	21,4%	26,0%	23,7%	28,3%	23,6%	16,1%	26,0%	19,5%
„Bindemittel"	34,8%	42,0%	37,1%	41,0%	58,4%	55,0%	26,9%	25,5%	44,5%	46,7%	28,5%	35,3%

Tab. 2. Integrationsergebnisse an drei Probenwürfeln der Geröllgrauwacke vom Unteren Badeholz bei Harzgerode (Flächenprozentangaben für die einzelnen Würfelflächen und Volumenprozente; Schrittweite 2 mm, Meßpunktzahl 9000)

	erste Probe				zweite Probe				dritte Probe				Volumen-% (Gesamtmittel)
	Flächenprozente der Würfelflächen			Volumen-%	Flächenprozente der Würfelflächen			Volumen-%	Flächenprozente der Würfelflächen			Volumen-%	
	a	b	c		a	b	c		a	b	c		
Quarz und Quarzit	24,8	26,0	22,3	24,4	28,6	26,0	34,3	29,6	26,3	23,6	23,7	24,5	26,1
Grauwacke und Pelit	27,3	21,0	28,6	25,6	15,5	15,7	12,0	14,4	23,8	24,0	21,8	23,2	21,1
Kieselschiefer	1,9	2,1	0,5	1,5	3,0	1,5	2,1	2,2	3,3	0,9	1,8	2,0	1,9
Kalk	–	–	–	–	0,6	1,1	1,1	0,9	–	–	–	–	0,3
Sedimentärgerölle insgesamt	54,0	49,1	51,4	51,5	47,7	44,3	49,6	47,1	53,4	48,5	47,3	49,7	49,4
Granit	3,4	2,5	5,8	3,9	2,8	2,3	3,0	2,7	2,7	4,3	4,9	3,9	3,5
Quarzporphyr	9,7	4,2	8,3	7,1	5,0	3,5	3,2	3,9	3,6	4,5	4,8	4,3	5,1
Diabas	11,2	11,8	7,3	10,1	6,6	9,8	10,0	8,8	14,7	13,8	10,0	12,8	10,6
Regionalmetamorphite	2,9	4,6	5,3	4,3	7,9	3,1	5,4	5,5	1,8	4,8	4,5	3,7	4,5
Kristallingerölle insgesamt	27,2	23,1	26,7	25,4	22,3	18,7	21,6	20,9	22,8	27,4	24,2	24,7	23,7
„Bindemittel" < 2 mm	18,8	27,8	21,5	29,1	30,6	37,0	28,8	32,0	23,8	24,1	28,5	25,6	26,9

Bindemittel entspricht dem der normalkörnigen Grauwacken, in die diese Konglomeratlinsen eingebettet sind, so daß von polymikten Geröllgrauwacken gesprochen werden darf. An zahlreichen Lokalitäten erreichen die Gesteinsbruchstücke maximal kaum Zentimetergröße, und die Geröllpackung ist mehr oder weniger stark aufgelockert. In den grobklastischen Bereichen der Flysch-Serien östlich des Ackerzuges liegt die Maximalkorngröße (im Sinne von RÜCKLIN 1955) der Kristallingerölle generell zwischen 3,0 und 12,5 mm (LINDERT 1967); auch die sedimentären Bruchstücke sind hier nur örtlich bedeutend größer. Hinsichtlich ihrer Körnigkeit und ihres polymikten Geröllbestands

Abb. 2. Geröllgrauwackenprobe mit dichter Geröllpackung
Die Maximalkorngrößen der verschiedenen Gerölltypen sind untereinander ausgeglichen (Unteres Badeholz, Bl. Harzgerode). Aufnahme: ZASTROW

boten die Gesteine dieses Raums also gute Bedingungen für den Einsatz des Makrointegriergeräts, zumal genaue quantitative Angaben bisher allein für die normalkörnige Ausbildung der Harzer Grauwacken bekannt waren (z. B. BURCHARDT 1962, HELMBOLD 1954, HUCKENHOLZ 1959). Um das Mengenverhältnis der verschiedenen Komponenten in der Kornklasse > 2 mm reell erfassen zu können, wurden für die Integrationsanalysen Proben mit dichter Geröllpackung und ausgeglichenen Maximalkorngrößen bei den vorhandenen Gerölltypen ausgewählt (Abb. 2).

Zur Erzielung aussagekräftiger Werte wurde für jede Lokalität eine Meßpunktzahl von durchschnittlich 6000 bei Schrittweiten von 2 mm als notwendig erachtet. Bei sehr grobkörnigem Material ließen sich zufriedenstellende Ergebnisse allerdings auch mit Schrittweiten von 3 mm gewinnen. In Anbetracht des begrenzten megaskopischen Auflösungsvermögens mußten sämtliche Komponenten mit weniger als 2 bzw. 3 mm Durchmesser pauschal als „Bindemittel" gezählt werden. Aber auch in der Kiesfraktion gestaltete sich die petrographische Ansprache der Gesteinsbruchstücke oft schwierig. Das betraf insbesondere die Unterscheidung saurer und intermediärer Vulkanite mit porphyrischem Gefüge sowie die Trennung einiger Sedimenttypen voneinander. Um den Anteil der megaskopischen Fehlansprachen vor allem in der wichtigen Kristallingeröllgruppe bestimmen zu können, wurde deshalb vom gleichen Probenmaterial zusätzlich eine größere Anzahl von Dünnschliffen integriert. Da in diesen die zur Ausmessung zur Verfügung stehende Fläche naturgemäß wesentlich kleiner ist als in Anschliffen, mußten hier einige Parameter gegenüber der Makrointegration verändert werden. So wurde die Integrationsgrenze Geröll/„Bindemittel" auf 0,8 mm herabgesetzt und die Gesamtmeßpunktzahl pro Lokalität bei Schrittweiten von 0,4 mm auf durchschnittlich 20000 gesteigert. Durch eine solche Verfahrensweise wird eine solide Basis für den angestrebten Vergleich der beiden Integrationsergebnisse geschaffen (Tab. 1).

Wie Tab. 1 zeigt, stimmt die nach der Makrointegration ermittelte Geröllzusammensetzung einer Lokalität nicht vollkommen mit den Aussagen der Dünnschliff-

Zeitschrift für angewandte Geologie, Bd. 15 (1969), Heft 2

analysen überein; jedoch ist beiden Meßreihen jeweils die gleiche Grundtendenz eigen. Die Differenzen sind einmal durch die Unzulänglichkeit der megaskopischen Ansprache einzelner Gesteinsbruchstücke begründet, zum anderen macht sich hier die ungleichmäßige Verteilung der Gerölltypen im Gestein nachteilig bemerkbar; denn es war nicht immer möglich, von denselben Probenstücken sowohl Dünnschliffe als auch Probenwürfel anzufertigen. Auf Grund der unstatischen Geröllverteilung muß für die Makrointegration auch stets die Bearbeitung mehrerer Proben von einer Lokalität und Mittelwertsbildung gefordert werden. Welche Unterschiede in der Geröllzusammensetzung bei verschiedenen Proben eines Fundpunkts auftreten können und welche Differenzen schon die drei Ebenen eines Meßwürfels aufweisen, mag ein Beispiel zeigen (Tab. 2).

Wenn auch den Mittelwerten noch gewisse objektiv und subjektiv bedingte Fehler anhaften, so entsprechen sie doch in hohem Maße den tatsächlichen Gegebenheiten und sind repräsentativ für die Geröllzusammensetzung an einem bestimmten Punkt. Dafür spricht u. a. die Tatsache, daß die regionalen Unterschiede in den Geröllassoziationen der verschiedenaltrigen Flysch-Serien, die mit der Tieferlegung des Anschnittsniveaus im schuttliefernden Schwellengebiet zusammenhängen, in den in Tab. 1 aufgeführten Meßreihen deutlich zum Ausdruck kommen. Beispielsweise zeichnet sich die Gesetzmäßigkeit ab, daß in der Mittelharzer „Kulm“-Grauwacke mit der Erhöhung des Gesamtvolumens an sauren Magmatitgeröllen gegenüber den älteren Flysch-Serien gleichzeitig eine mengenmäßige Angleichung der Granite an die Quarzporphyre erfolgt.

Auf Grund der durchgeführten Untersuchungen kann somit die Einsatzfähigkeit des neuen Makrointegriergeräts bei der quantitativen Analyse grobklastischer Sedimentite als positiv bewertet werden.

4. Einsatz bei Magmatiten

Wie aus der Geröllzusammensetzung grobklastischer Sedimente Rückschlüsse auf das schuttliefernde Hochgebiet gezogen werden können, so gibt der Modalbestand magmatischer Gesteine Auskunft über den Chemismus der gesteinsbildenden Schmelze. Vergegenwärtigt man sich die Struktureigenschaften dieser Gesteine und die Wichtigkeit der Modalbestandsaufnahme bei der petrographischen Analyse (z. B. Nomenklaturfragen), so ist es kein Zufall, daß die GLAGOLEWsche Methode gerade bei den Magmatiten vorrangig gegenüber anderen quantitativen Untersuchungsverfahren zur Anwendung gelangte. Entsprechend den eingangs aufgezeigten Grenzen mikroskopischer Integration konnten jedoch einige Gesteinstypen, wie z. B. sehr grobkörnige Plutonite oder extrem ungleichkörnige Vulkanite, nur bei großem Materialaufwand, d. h. mit einer Vielzahl von Dünnschliffen, nach dieser Methode vermessen werden. Infolgedessen kamen hier, ähnlich wie bei den Konglomeraten, auch häufig andere quantitative Verfahren zum Einsatz, auf deren Nachteile gegenüber der Punktzählmethode bereits hingewiesen wurde. Unter diesem Aspekt stellt das Makrointegriergerät auch für die Magmatitanalyse einen bedeutenden Fortschritt dar.

Um seine Einsatzfähigkeit auf diesem Sektor zu testen, wurden spezielle Studien am Greifenberg-

Tab. 3. Modalbestand des Greifenbergporphyrs nach der Makro- und Mikrointegration (Mittelwerte, Vol.-%)

		Normalfazies		säulige Randfazies		Greifenberg-porphyr (gesamt)	
Lokalität (Meßtischblatt)		Großer Finsterbach (Tambach-Dietharz)		Kleiner Buchenberg (Tambach-Dietharz)			
Integrationsart		mega-skopisch	mikro-skopisch	mega-skopisch	mikro-skopisch	mega-skopisch	mikro-skopisch
	Grundmasse	52,3	55,6	50,7	55,5	51,5	55,5
Einsprengling	Quarz	11,6	8,6	12,7	8,1	12,1	8,4
	Kalifeldspat		18,2		16,1		17,2
	Plagioklas		11,9		15,2		13,5
	Feldspäte ges.	30,5	(30,1)	31,3	(31,3)	30,8	(30,7)
	Mafite und Opakanteile	5,8	5,7	5,5	5,1	5,6	5,4

porphyr (Rotliegendes, Oberhöfer Stufe) des Thüringer Waldes durchgeführt.

Nach dem megaskopischen Befund baut sich das Untersuchungsgestein aus einer dichten, zumeist rötlichen Grundmasse und zahlreichen, mehrere Millimeter bis einige Zentimeter großen Einsprenglingen von Feldspat, Quarz und opazitisierten Mafiten auf (Abb. 3). Die mittlere Körnigkeit der granulösen bis graphophyrischen Matrix (Nomenklaturvorschlag GOTTESMANN 1960) liegt bei 10 μm (Intervall 5 bis 150 μm). In der Phenokristallgruppe fallen durch ihre enorme Größe von maximal 60 mm (Durchschnitt 5 bis 30 mm) besonders die überwiegend nach dem Karlsbader Gesetz verzwillingten Kalifeldspäte auf. Die Plagioklase (Anorthitgehalte 10 bis 35%) erreichen demgegenüber nur Maximalkorngrößen von 10 mm (Durchschnitt 1 bis 3 mm). Ähnliche Größenordnungen sind auch für Quarz, Biotit, Pyroxen und Amphibol in der Einsprenglingskategorie kennzeichnend.

Da einerseits die Einsprenglingsgröße noch in dem Bereich liegt, der eine Aussagebildung durch Mikrointegration über eine angemessen hohe Zahl von Dünnschliffen gestattet, andererseits die von der Makrointegration geforderte Mindestkorngröße erreicht und überschritten wird, bietet dieses Gestein denkbar gute Voraussetzungen für den angestrebten Vergleich beider Integrationsverfahren. Der Greifenbergporphyr, für den bereichsweise eine intrusive Platznahme angenommen wird (BEHRENDT 1968), führt in seinen peripheren Bereichen verschiedene, von der Normalfazies abweichende Randausbildungen, die entsprechend der andersartigen Einsprenglingsverteilung nicht generell für eine Makrointegration geeignet sind. Ausgenommen hiervon ist nur die sogenannte „säulige Randfazies“, die sich durch senkrecht zu den Säulenlängsachsen eingeregelte Großfeldspäte auszeichnet. Neben der Normalfazies findet demzufolge nur diese eine Randfazies in den Meßreihen Berücksichtigung.

Wegen des beträchtlichen Größenunterschieds von 20:1 bis 500:1 zwischen den kleinsten und größten Individuen in der Einsprenglingsgruppe konnte bei der Dünnschliffintegration nicht, wie sonst üblich, die mittlere Korngröße als Meßpunktabstand eingesetzt werden. Statt dessen wurde eine Schrittweite von 0,1 mm bevorzugt. Dadurch gelang es, auch die seltenen kleineren

Einsprenglinge und die außerhalb des Grundmassebereichs auftretenden Opakanteile vollständig zu erfassen. Von einer Varietät wurden jeweils mehrere Schliffe vermessen (Normalfazies 6, säulige Randfazies 10) und pro Dünnschliff eine Meßpunktzahl von 10000 (≙ Meßstrecke von 1000 mm) zugrunde gelegt. Dadurch ließ sich der Fehler kompensieren, der bei niedrigeren Meßpunktzahlen (= kürzere Meßstrecke) infolge der unstatistischen Verteilung der z. T. sehr großen Feldspateinsprenglinge entstehen würde. Versuchsmessungen ergaben unter den angeführten Bedingungen gut reproduzierbare Ergebnisse.

Die Makrointegration wurde an Gesteinswürfeln (Normalfazies 24, säulige Randfazies 9) mit drei senkrecht aufeinander stehenden Schnittflächen durchgeführt. Auf jeder Fläche kamen mindestens 10 cm^2 zur Auszählung; das ergibt bei einer Schrittweite von 1 mm eine Mindestpunktzahl von 1000. Zu registrieren waren dieselben Kategorien wie bei der Mikrointegration, nur mußten Kalifeldspat und Plagioklas zu einer Gruppe zusammengefaßt werden, da sie sich megaskopisch nicht unterscheiden ließen.

Vergleicht man die aus der Makro- und Mikrointegration gewonnenen Mittelwerte des Modalbestands miteinander, so zeigt sich eine bemerkenswerte Übereinstimmung zwischen den Ergebnissen beider Integrationsanalysen in nahezu allen Positionen (Tab. 3).

Unter den gegebenen Umständen kann also festgestellt werden, daß das Makrointegriergerät zur Einsprenglingsintegration ungleichkörniger Magmatite mit Erfolg eingesetzt werden kann. Das bestätigen auch die von LENZ (1968) aus einem porphyrartigen Granodiorit des Leipziger Raums mitgeteilten Meßergebnisse. Die oben getroffene Aussage läßt sich dahingehend verallgemeinern, daß Magmatite, deren Körnigkeit im Sinne von TEUSCHER (1933) als „mittelkörnig" oder gröber zu bezeichnen ist, für eine megaskopische Modalbestandsaufnahme nach der Punktzählmethode grundsätzlich geeignet sind.

Abb. 3. Typische Ausbildung des Greifenbergporphyrs mit hoher Einsprenglingsquote

Die Großfeldspäte sind z. T. fluidal geregelt (Kl. Buchenberg, Bl. Tambach-Dietharz). Aufnahme: JOHN

Für die Auswertung der Integrationsanalysen erweist es sich als nachteilig, daß Kalifeldspat und Plagioklas megaskopisch nicht sicher voneinander unterschieden werden können, weil gerade das Mengenverhältnis beider Mineralien zueinander eine ausschlaggebende Rolle bei der Magmatitklassifizierung (z. B. Nomenklatur von STRECKEISEN 1967) spielt. Falls eine Aussagebildung in dieser Hinsicht allein auf Grundlage der Makrointegration erfolgen soll, ist es erforderlich, die beiden Feldspatgruppen selektiv einzufärben. In der Praxis hat sich hierbei die von BALEY & STEVENS (1960) entwickelte Methode bewährt. Um die Proportionen reell erfassen zu können, ist eine Einfärbung selbst bei solchen Gesteinstypen vorzunehmen, deren Feldspatkomponenten bereits primär durch Farbunterschiede ausgezeichnet sind. Diese Feststellung trafen bei der Untersuchung mittel- bis grobkörniger Granitvarietäten des Eibenstocker Massivs unabhängig voneinander die Herren cand. min. H. KALWEIT und Dipl.-Geol. S. PÜTSCHER, die den Verf. freundlicherweise die Einsichtnahme in ihre Manuskripte gestatteten. Eine sinnvolle Makrointegration erfordert bei den hierfür geeigneten Magmatittypen also eine umfangreichere Vorbehandlung des Probenmaterials als bei den Sedimentiten.

Zusammenfassung

Ein neues Gerät (RICHTER 1965), das die megaskopische quantitative Analyse grobkörnigen Materials nach der GLAGOLEW-Methode ermöglicht, wird hinsichtlich seiner Einsatzfähigkeit auf petrographischem Gebiet getestet. Es werden die Arbeitsmethodik beschrieben und die an qualitativ verschiedenartigen Gesteinen (Geröllgrauwacken, Quarzporphyren) durchgeführten Messungen kritisch diskutiert. Die Resultate der Makrointegration zeigen ausreichend gute Übereinstimmung mit den zu Vergleichszwecken gewonnenen Meßwerten der Dünnschliffintegration. Unter den gegebenen Versuchsbedingungen ist der durchgeführte Test somit als positiv zu bewerten.

Резюме

Испытывается на пригодность для петрографических работ новый прибор (РИХТЕР 1965), который позволяет сделать мегаскопический количественный анализ крупнозернистого материала по методу ГЛАГОЛЕВА. Описываются методы работы и критично рассматриваются измерения, проведенные на качественно различных породах (галечные граувакки, кварцевые порфиры). Результаты макроинтеграции показывают достаточно хорошее совпадение с данными измерений интеграции тонких шлифов, проведенных для сравнений. Исходя из данных условий опыта этим положительно оценивается проведенное испытание.

Summary

A new device (RICHTER 1965) permitting a megascopic quantitative analysis of coarse-grained materials by the GLAGOLEW method is tested in view of its use for petrographical purposes. The working technique is described and measurements made in rocks of different quality (boulder graywackes, quartz porphyries) are discussed critically. Results obtained by macro-integrations show a sufficiently good accord with data obtained by ground-section integration for comparative purposes. Thus the test carried out under the given experimental conditions must be evaluated as positive.

Literatur

BALEY, E. H., & R. E. STEVENS: Selective staining of K-Feldspar and Plagioclase on rock slabs and thin sections. – Amer. Mineralogist, 45, 1020–1025, Menasha 1960.

BEHRENDT, L.: Ein Beitrag zur Rotliegendkartierung auf Blatt Tambach-Dietharz (Thüringer Wald). – Geologie, 17, 255–272, Berlin 1968.

BOHNKE, H., & H. G. SCHEPLITZ: Die elektrische Integriervorrichtung „Eltinor" des VEB Rathenower Optische Werke. – Feingerätetechnik 1958, 1–6, Berlin 1958.

BURCHARDT, I.: Beiträge zur Petrographie und Stratigraphie der Schichten am Rand der Südharzmulde nördlich von Stolberg. – Geologie, 11, 370–383, Berlin 1962.

EMERSON, D. O.: Modal analysis of medium- and coarse-grained rocks. – Bull. Geol. Soc. Amer., 69, 1683, New York 1958.

GLAGOLEW, A. A.: On the geometrical methods of quantitative mineralogical analysis of rocks. – Trans. Inst. Econ. Miner., 59, 1–47, Moskau 1933.

GOTTESMANN, W.: Zur Systematik der petrographischen Gefüge in Vulkaniten. – Unveröff. Ms. Unterlagenzentrale Zentr. Geol. Inst., Berlin 1960.

HELMBOLD, R.: Beitrag zur Petrographie der Tanner Grauwacke. – Heidelberger Beitr. Miner. Petr., 3, 253–288, Berlin–Göttingen–Heidelberg 1953.

HUCKENHOLZ, H. G.: Sedimentpetrographische Untersuchungen an Gesteinen der Tanner Grauwacke. – Heidelberger Beitr. Miner. Petr., 6, 261–298, Berlin–Göttingen–Heidelberg 1959.

LAMPRECHT, J.: Die GLAGOLEWsche „Punktmethode" und ihre Anwendung. – Geologie, 3, 1085–1094, Berlin 1954.

LENZ, K.-L.: Zur Petrographie und Geologie der Kristallinbohrungen Leipzig 2/61, Wolteritz 1/62 und Delitzsch-Gertitz 1/62. – Unveröff. Dipl.-Arb. Humboldt-Univ. Berlin 1968.

LINDERT, W.: Die Grundgebirgskomponenten in den altpaläozoischen Konglomeraten des Harzes. – Unveröff. Diss., Humboldt-Univ. Berlin 1967.

RICHTER, K.-H.: Ein Universalstativ mit Integriervorrichtung zur quantitativen Analyse grobkörnigen Materials. – Z. angew. Geol., 11, 102 bis 104, Berlin 1965.

ROSIWAL, A.: Über geometrische Gesteinsanalysen. – Verh. geol. Reichsanst. 1898, 143–175, Wien 1898.

RÜCKLIN, H.: Das Holzer Konglomerat im Saarkarbon. Eine geröllanalytische Studie. – Geol. Jb., 70, 435–510, Hannover 1955.

STRECKEISEN, A.: Classification and Nomenclature of Igneous Rocks. – N. Jb. Miner., Abh., 107, 144–214, Stuttgart 1967.

TEUSCHER, E. O.: Methodisches zur quantitativen Strukturgliederung körniger Gesteine. – Miner. petr. Mitt., 44, 410–421, Leipzig 1933.

Lehrbriefe

Bergakademie Freiberg (Sa.)

Sektion Geowissenschaften

Kommission Erziehung, Aus- und Weiterbildung

Arbeitsbereich Weiterbildung

Nach einer Empfehlung des Direktorats für Weiterbildung und Fernstudium soll das Lehrwerk des Fernstudiums (die sogenannten Lehrbriefe) verstärkt für das Direktstudium und die Weiterbildung eingesetzt werden. Wir möchten deshalb allen Interessenten in einer ersten Mitteilung einen Überblick über das Lehrwerk im Bereich der Mineralogie und Lagerstättenlehre geben.

Von 1958 bis 1960 sind erschienen: Die ALLGEMEINE MINERALOGIE, Lehrbrief 1–9, von F. LEUTWEIN und CH. SOMMER-KULASZEWSKI. Diese Lehrbriefe wurden 1960 auch in Buchform aufgelegt.

1955 wurden die KRISTALLMODELLNETZE mit 60 Tafeln zum Selbstbasteln von Modellen herausgegeben, und 1963 wurden die 32 KRISTALLKLASSEN mit Symmetrieelementen, stereographischen Projektionen, allgemeinen und speziellen Formen, Symbolen und Beispielen auf mehreren Tafeln gedruckt.

1966 wurden fünf Lehrbriefe EINFÜHRUNG IN DIE MATHEMATISCHEN HILFSMITTEL DER KRISTALLOGRAPHIE, Autor E. FISCHER, fertiggestellt.

In der Zeit von 1956 bis 1967 erschien die SPEZIELLE MINERALOGIE, Lehrbrief 1–9. In der langen Zeit wechselten die Autoren; es haben mitgearbeitet: F. LEUTWEIN, M. SOMMER, CH. SOMMER-KULASZEWSKI, H. J. RÖSLER und W. KRAMER. Der 10. und letzte Lehrbrief dieser Reihe ist im Druck.

1958 wurde auch mit der Erarbeitung der Lehrbriefe über ERZLAGERSTÄTTEN begonnen. Bisher sind fünf Hefte ausgedruckt, Heft 6 und 7 sind kurz vor der Fertigstellung. Die Autoren sind: Lehrbrief 1–3 O. OELSNER und E. KRÜGER, Lehrbrief 4–5 O. OELSNER und B. TÖLLE-REICHARDT.

In den letzten zwei Jahren wurde mit der Erarbeitung von weiteren internen Lehrbriefreihen begonnen, die hiermit vorgestellt werden sollen.

1967 erschienen drei Lehrbriefe EINFÜHRUNG IN DIE TONMINERALOGIE von H. J. RÖSLER und R. STARKE. Der 1. Lehrbrief beinhaltet auf 88 Seiten die Begriffserklärungen „Ton" und „Tonmineral", die Entstehung und das Vorkommen von Tonmineralen, die Struktur und Gliederung der Tonminerale, deren charakteristische Eigenschaften und die Untersuchungsmethoden. Im Lehrbrief 2/3 (Doppelheft) ist auf 144 Seiten die spezielle Tonmineralogie abgehandelt, und zwar die Zweischichtminerale Kaolinit, Dickit, Nakrit, Anauxit, Hydrohalloysit, Halloysit, Donbassit, Berthierin und Cronstedtit; die Dreischichtminerale Pyrophyllit, Talk, Hydromuskovit, Hydrobiotit, Illit, Glaukonit, Seladonit, Stilpnomelan, Montmorillonit, Beidellit, Nontronit, Saponit und Vermiculit; die Vierschichtminerale Chlorit- und Sudoitgruppe; die Wechsellagerungsstruktur-Schichtgitterminerale Rectorit, Tosudit, Corrensit, Chlorit-Saponit-Wechsellagerungsmineral, dioktaedrische und trioktaedrische Mixed-layer-Minerale; die silikatischen Kettengitter-Tonminerale Palygorskit und Sepiolith; die amorphen Tonminerale Allophan und Klischit sowie die nichtsilikatischen Tonminerale Hydrargillit, Boehmit und Diaspor.

1968 begann die Herausgabe der Lehrbriefreihe LAGERSTÄTTEN DER STEINE UND ERDEN von H. J. RÖSLER und H.-J. BLANKENBURG; inzwischen sind der 1. Lehrbrief und ein Anlagenband erschienen. Im 1. Lehrbrief werden auf 144 Seiten die Festgesteine — Rohmaterialien für Werk- und Dekorationssteine, Schotter und Splitt — behandelt. Es wird auf die allgemeinen Anforderungen an den Rohstoff, die Eigenschaften und deren Bestimmung, die Gewinnung und Veredlung eingegangen. Dann folgt die Beschreibung der Lagerstätten, beginnend mit den Intrusivgesteinen Granit, Syenit, Diorit und den gabbroiden Gesteinen; es folgen die Ganggesteine Granitporphyr und die Lamprophyre; die Extrusivgesteine Quarzporphyr, Orthophyr, Gesteinsgläser, Tuff, Traß, Puzzolan, Porphyrit, Phonolit und Basalt; die grobklastischen Sedimentite; die karbonatischen Sedimentite; die tonigen Metamorphite; die karbonatischen Metamorphite und die Ultrametamorphite. Es wird ein Großteil der Lagerstätten in der DDR beschrieben; auf ausländische Lagerstätten wird nur vereinzelt eingegangen.

In dem Anlagenband zu den Lehrbriefen 2–4, der aus drucktechnischen Gründen früher fertiggestellt werden konnte, wurden auf 18 Tafeln die Import/Export-Beziehungen in Europa für 18 Industrieminerale graphisch dargestellt. Der Lehrbrief 2 ist im Druck, die Hefte 3–5 sind in Vorbereitung.

1968 wurde mit der Herausgabe von fünf Lehrbriefen ANGEWANDTE PETROGRAPHIE begonnen; die Autoren sind H. J. RÖSLER und H. LANGE. Bisher ist der 1. Lehrbrief erschienen, in dem auf 70 Seiten auf den Erdaufbau und die Entstehung der Magmatite, Sedimentite und Metamorphite eingegangen wird.

Im Druck sind weiterhin: ein Heft EINFÜHRUNG IN DIE POLARISATIONSMIKROSKOPIE und ein Lehrbrief SALZMIKROSKOPIE.

Die Lehrbriefe betreffende Anfragen richten Sie bitte an den Unterzeichner dieser Mitteilung.

HANS-JOACHIM BLANKENBURG

Eingang des Manuskripts in der Redaktion: 11. 9. 1968.

Besprechungen und Referate

KELLER, R.

Gewässer und Wasserhaushalt des Festlandes

Leipzig: G. B. Teubner Verlag 1962. 520 S., 298 Abb. im Text, 7 farb. Abb. auf Taf., M 52,50

Mit der Herausgabe dieses Buches will der Autor eine Einführung in die Hydrogeographie geben mit der Zielsetzung, den in unserer heutigen Zeit sehr aktuellen Komplex der Wasserforschung aus geographischer Sicht zu bereichern. Das Buch vermittelt eine Übersicht über die mannigfaltigen Erscheinungsformen und Wirkungen des Wassers an der Erdoberfläche. Eine Fülle von Beispielen aus aller Welt läßt diese Vielfalt deutlich werden und demonstriert die Schwierigkeiten, die der hydrogeographischen Forschung bei dem Versuch einer qualitativen und quantitativen Erfassung der Wirkungen und Erscheinungsformen des Wassers gegenüberstehen. Es ist ein großer Vorteil dieses Buches, die dazu gebräuchlichen Verfahren und Methoden aufzuzeigen, sie einer äußerst kritischen Betrachtung zu unterziehen, ihre Vor- und Nachteile darzustellen und neue Wege zu ihrer Anwendung vorzuschlagen. Diese methodisch-analytische Seite der Darstellung hebt das Buch weit über den Rahmen einer geographischen Gewässerkunde hinaus und läßt es zu einem echten Nachschlagewerk werden, da die KELLERsche Betrachtungsweise des Wassers viele Beziehungen zu anderen Spezialdisziplinen der Wasserforschung aufweist (Hydrologie, Hydrogeologie, Hydrometrie, Hydrographie, Hydrochemie, Hydrobiologie) und die wechselseitigen Zusammenhänge erkennen läßt. Es liegt in der Absicht des Autors, nicht das Trennende, sondern das Gemeinsame hervorzuheben und einer integrierten Betrachtung den Vorzug zu geben. Die Basis dieser Betrachtungsweise liegt nach Meinung des Autors in der Verbindung zwischen geographischer Erscheinung der Gewässer, dem Wasserhaushalt und der praktischen Wasserwirtschaft. Eine derartige Darstellungsweise kann natürlich ein Grundstudium anderer spezieller Wasserforschungsdisziplinen nicht ersetzen. Das wird vom Autor ausdrücklich betont. Für denjenigen, der sich in die Probleme der Wasserforschung einschließlich der entsprechenden Randgebiete vertiefen möchte, enthält das Buch umfangreiche Literaturhinweise über in- und ausländisches Schrifttum auf diesem Gebiet. Ein Sachregister trägt ebenfalls dazu bei.

R. KELLER gliedert sein Buch in folgende Abschnitte:

A. Der Kreislauf des Wassers (Bilanzierung, zahlenmäßige Erfassung der Kreislaufkomponenten etc.);

B. Die Elemente des Wasserhaushalts (Grundelemente, Rücklage und Aufbrauch, Meß- und Berechnungsmethoden etc.);

C. Die Gewässer des Festlands (Komplexe mit Gliederungsprinzipien, Klassifikation, Typisierung, Regimeeinordnung, Grundlagen für Planung etc.);

D. Der Wasserhaushalt (Zusammenfassung, funktionelle Abhängigkeiten, Anwendungsbeispiele, Schlußfolgerungen etc.).

Obwohl die Geologie, dem Charakter und Inhalt des Buches entsprechend, nur randlich erwähnt wird, wird den Geologen, vor allem den Hydrogeologen, angeraten, es wegen der Fülle von Beispielen und Methoden zu studieren.

H. KARSTÄDT

DEGENS, E. T.

Geochemie der Sedimente

Stuttgart: Ferdinand Enke Verlag 1968. 75 Abb., 20 Tab., VIII, 271 S., geheftet DM 35,—, gebunden DM 40,—

Die „Geochemie der Sedimente", 1965 bei Prentice-Hall unter dem Titel „Geochemistry of Sediments (a Brief Survey)" erschienen, wendet sich an Studierende wie an Geowissenschaftler, die sich mit Sedimenten von der geologischen, petrographischen oder lithologischen Seite her beschäftigen, und regt sie an, geochemische Untersuchungen ergänzend auszuführen. Es wird aber auch dem Geochemiker Neues geboten, das sich zudem durch den flüssigen, klaren und prägnanten Stil gut liest.

Der Autor ordnet die Abhandlung des Stoffes der detaillierten Behandlung der Mineralphasen und organischen Substanzen, die die Sedimente aufbauen, unter. Die Komponenten werden in vier Endgliedgruppen eingeteilt:

1. Verwitterungsrückstände von Magmatiten und Metamorphiten;
2. Tieftemperaturminerale der wäßrigen Phase (136 Seiten), wie Silikate, Oxyde, Hydroxide, Carbonate, Phosphate, Sulfide, Sulfate und Halide;
3. Mobile Phasen (Wasser, Gase, Erdöl);
4. Organische Komponenten (92 Seiten), wie Aminosäuren, Kohlenhydrate usw. bis zu den Kohlenwasserstoffen und Bitumina.

Dabei werden jeweils die Klassifizierungen in den Gruppen, die Struktur, der Chemismus, die Isotopengeochemie, das geochemische Verhalten und vor allem die genetischen Vorstellungen (Bildung, Umlagerung und Abbau bei Sedimentation und Diagenese) im Zusammenhang mit den physikalischen, chemischen und biochemischen Faktoren erörtert. Instruktive Bilder ergänzen den Text, der durch ausführliche Autoren- und Sachregister leicht zugänglich ist.

Jedem Kapitel ist ein reichhaltiges Literaturverzeichnis nachgestellt, das vorwiegend englischsprachiges Schrifttum verzeichnet, für die deutsche Auflage ergänzt wurde und bezüglich der sowjetischen Literatur etwas zu kurz gehalten wurde.

Ausgehend von den mitgeteilten, wichtigsten geochemischen Daten, zeigt das Buch „Geochemie der Sedimente", wie sich bestimmte Bildungsmilieus auf die Herausbildung bestimmter Sedimente auswirken und wie aus den Ergebnissen entsprechender Analysen auf die Bildungsbedingungen Rückschlüsse gezogen werden können. Deshalb sind geochemische Analysen der Komponenten von Sedimenten recht wertvoll. Das Buch regt zu derartigen Untersuchungen und Auswertungen an und sollte deshalb einen großen Leserkreis, besonders auch unter den sich mit der Erdöl- und -gassuche und -erkundung beschäftigenden Geologen, finden.

H. THIERGÄRTNER

Autorenkollektiv

Colloque sur l'Eocène, Paris, Mai 1968. Volume 1: Communications

Paris: Mémoires du Bureau de Recherches Géologiques et Minières, 1968, No. 58, 738 S.

Im Mai 1968 fand in Paris auf Vorschlag des Comité français de Stratigraphie ein Kolloquium über das Eozän Frankreichs und der benachbarten Länder statt, dem folgende Themenstellung gegeben war:

Bestandsaufnahme und Beschreibung der Stratotypen der Stufen und Unterstufen;
Erforschung der Faziesunterschiede zwischen Stratotypen und Lokalprofilen;
Aufstellung von Korrelationen zwischen den Stratotypen des Nordsee-Beckens einerseits und des Atlantischen und Mediterranen Beckens andererseits;
Klärung paläogeographischer Zusammenhänge;
Gegenüberstellung der Gliederungsskalen Westeuropas mit denen anderer Länder.

Der vorliegende Band enthält Originalmitteilungen zu diesem Kolloquium, er ist bereits vor der Tagung herausgegeben worden. Die Beiträge sollten so einer besseren Diskussion und Kritik unterzogen werden können, als das normalerweise der Fall ist, wenn die Mitteilungen erst während der Tagung vorgetragen werden. Außerdem ergänzen einige der Beiträge die Führer zu den Exkursionen, die in England, Belgien, Norditalien, den Meeralpen und dem Pariser Bekken durchgeführt wurden.

Es sind 60 Arbeiten enthalten, die in mehrere Themenkomplexe zusammengefaßt werden:

I. Mikroorganismen: 11 Arbeiten über Foraminiferen, vor allem Nummuliten und andere Großforaminiferen, planktonische Foraminiferen, je 1 Arbeit über Ostrakoden, Kalkalgen, Otolithen und Pollen;
II. Mollusken, Echinodermen, Coelenteraten: 6 Arbeiten;
III. Säugetiere: 2 Arbeiten;
IV. Höhere Pflanzen: 1 Arbeit;
V. Geochemie: 4 Arbeiten;
VI. Marine und kontinentale Sedimentation, Paläogeographie: 11 Arbeiten;
VII. Stratotypen, Grenzen, Regionale Geologie: 21 Arbeiten.

Es würde zu weit führen, wollte man alle Beiträge einzeln würdigen, es ist auch nicht möglich, „wichtige" Arbeiten von „unwichtigen" zu trennen. Das vorliegende Material bietet eine Fülle neuer Ergebnisse und Anregungen, vor allem in regionalgeologischer und paläogeographischer Hinsicht, sowohl aus dem Nordsee-Becken als auch aus dem Einzugsbereich des Atlantischen Beckens, der Tethys und der Paratethys. Daneben gibt es nicht wenig Arbeiten, die zu einer prinzipiellen Begriffsklärung beizutragen suchen, etwa über Bartonien, Ludien, Tongrien, Biarritzien, Auversien, Priabonien u. a. Auch keiner der paläontologischen Beiträge trägt ausschließlich monographischen Charakter; es werden Profilbeschreibungen, Fossillisten, vergleichende Verbreitungstabellen, Zonierungs- und Korrelierungsversuche gegeben. Man kann den Organisatoren des Kolloquiums bescheinigen, daß sich alle Beiträge dem großen Thema „Regionale Geologie" unterordnen.

Es liegt in der Natur dieses Sammelbandes, daß neben der Darlegung gesicherter Tatsachen auch deren Deutung erfolgt und mitunter gegensätzliche Meinungen kritik- und kommentarlos aufeinanderfolgen, wie z. B. zwei Beiträge über die Eozän/Oligozän-Grenze. Kritik und Diskussion haben hier ebenso anzusetzen wie Auswertung und Verarbeitung des Gebotenen. Die Beiträge werden vor allem für den regional vergleichend und paläogeographisch arbeitenden Geologen und Paläontologen wichtig sein. In diesem Zusammenhang darf man mit Interesse das Erscheinen der zwei noch geplanten Ergänzungsbände zu diesem Kolloquium erwarten, deren einer u. a. auch die Ergebnisse der während des Kolloquiums geführten Diskussionen enthalten soll.

Die Arbeiten des vorliegenden Bandes enthalten zahlreiche Abbildungen, Tabellen und Tafeln, die drucktechnische Ausführung ist hervorragend; Zeichnungen und Fotos sind einwandfrei reproduziert. Drei- oder gar viersprachige Zusammenfassungen zu fast allen Beiträgen erleichtern sicher einem großen internationalen Leserkreis einen ersten Überblick über Gegenstand und Aussage der Arbeiten. E. Lazar

Geotektonische Forschungen

Stuttgart: Schweizerbart'sche Verlagsbuchhandlung 1966. H. 23, 109 S.

Hennigsen, D.: Die pazifische Küstenkordillere (Cordillera Costeña) Costa Ricas und ihre Stellung innerhalb des südzentralamerikanischen Gebirges.
10 Abb., 6 Tab. im Text u. auf 2 Beil.

Weyl, R.: Tektonik, Magmatismus und Krustenbau in Mittelamerika und Westindien.
28 Abb., 3 Tab., 3 Taf. im Text u. auf 7 Beil.

Die in dem vorliegenden Heft vereinigten zwei Aufsätze geben einen guten Überblick über den Stand der geologischen Kenntnisse von Mittelamerika etwa im Jahre 1965. In einem Vorwort wird von den Autoren die rasche Zunahme der geologischen Kenntnisse über dieses Gebiet skizziert, deren allgemeine Grundlinien in dem Aufsatz von Weyl ihren Niederschlag finden, während Hennigsen die Ergebnisse von Geländeuntersuchungen im südlichen Costa Rica mitteilt. Weyl untersucht im speziellen die Gültigkeit der Prämisse über die Gesetzmäßigkeiten im Zusammenhang von tektonischer und magmatischer Entwicklung eines Orogens am Beispiel Mittelamerikas und Westindiens. Er schlußfolgert, daß „die Zusammenhänge von tektonischer und magmatischer Tätigkeit in orogenen Zonen wesentlich mannigfacher und wohl auch komplizierter sind, als sie in dem so einleuchtenden und scheinbar widerspruchslosen Bild vom orogenen und magmatischen Zyklus zum Ausdruck kommen". Für eine Äußerung in dieser Problematik bietet sich das Untersuchungsgebiet vor allem deshalb an, weil hier intermediäre bis kieselsäurereiche Magmen bei mehr oder minder ausgeprägtem pazifischem Sippencharakter an Gebiete mit unterschiedlichem Krustenbau und unterschiedlicher tektonischer Entwicklung gebunden sind. In knappen, instruktiven Übersichten — illustriert durch Kartenskizzen, tektonische Schnitte sowie durch die Wiedergabe einer größeren Anzahl chemischer Analysen wie auch von graphischen Darstellungen der Alkali: Kieselsäure-Verhältnisse (nach Rittmann) und des Verhältnisses der Alkalien zum Prozentanteil des K_2O — wird die tektonisch-magmatische Entwicklung folgender Teilgebiete beschrieben:

des Vulkangebiets des nördlichen Mittelamerikas (Guatemalas, El Salvadors, Honduras', Nordnicaraguas);
des südmittelamerikanischen Orogens (SW-Nicaraguas, Costa Ricas, Panamas);
des Orogens der Großen Antillen;
der Kleinen Antillen.

Diesen Gebieten ist gemeinsam, daß ihre tektogenetische Geschichte erst mit der Kreide einsetzt und ab Oberkreide genauer bekannt ist. Für die tektonische Entwicklung Costa Ricas kann Weyl auf die ausführliche Darstellung von Hennigsen im gleichen Heft verweisen, der Stratigraphie, Ausbildung der magmatischen Gesteine, Lagerungsverhältnisse, Stoffbestand und Gefüge der klastischen Sedimentgesteine sowie die paläogeographische und fazielle Entwicklung Costa Ricas als Teil des südmittelamerikanischen Orogens schildert.

Im Bereich der Kleinen Antillen und des nördlichen Mittelamerikas gibt es keine Hinweise auf eine geosynklinale Versenkung mit anschließender alpinotyper Orogenese. Die Vulkanbauten sitzen entweder der ozeanischen Kruste direkt auf (Kleine Antillen), bzw. sind sie an große regionale Bruchsysteme gebunden (nördliches Mittelamerika). In den Orogenen der Großen Antillen und des südlichen Mittelamerikas ist ein vorkretazischer bzw. kristallin-metamorpher Grundgebirgssockel, wie er für das nördliche Mittelamerika kennzeichnend ist, nicht bekannt. Damit fehlen die Voraussetzungen, wie sie für die Bildung sialischer Magmen durch anatektische Vorgänge gefordert werden. Weyl zieht hieraus in Anlehnung an Engelhardt (1959) den Schluß, daß der Aufstieg auch der sialischen Magmen mit der Zufuhr juvenilen Materials verbunden sein muß. In der Frage der Herkunft und des Aufstiegsweges dieser Materialzufuhr unterstützt Weyl die Vorstellungen von Wilson (1959, 1960), der den andesitischen Vulkanismus des zirkumpazifischen Gürtels aus Tiefen von 70 bis 700 km herleitet. Die hier im Mantel mobilisierten Magmen steigen an Brüchen auf, die im Zusammenhang mit Tiefenherdbeben stehen. Sie bilden so einen echten Massenzuwachs für das Wachstum des kontinentalen Sockel. G. Schwab

Cushin, G., & H. E. Wright, jr. (Herausgeber)

Introduction to Paleoecology

London—New Haven: Yale University Press 1967. 433 S., davon 425 S. Text mit 119 Abb. und 35 Tab., $ 15,00

Das Studium der Beziehungen zwischen den Organismen und ihrer Umgebung ist Aufgabe und Inhalt der Ökologie. Wesentlich schwieriger jedoch sind ökologische Bedingungen in geologischer Vorzeit zu erkennen. Viele Einflüsse treten als zusätzliche Einwirkungen auf und komplizieren das tatsächliche Bild. Deshalb ist der Palökologe genötigt, seine Beobachtungen mit den Beschreibungen moderner Ökosysteme zu vergleichen.

Pollenanalytische Arbeiten haben bei der Untersuchung der spätzeitlichen Palökologie in Europa und Nordamerika frühzeitig zu Erfolgen geführt, die neuerdings durch Radiokarbonbestimmungen präzisiert werden konnten. Auf Grund der allgemeinen Bedeutung vieler noch offener Probleme beschäftigte sich der INQUA-Kongreß 1965 in Boulder (USA) mit dem Gesamtkomplex Paläoökologie. Das vorliegende Buch gibt als „Band 7 der Fortschritte des VII. Kongresses der Internationalen Quartärvereinigung" einen Überblick über die letzten Arbeitsergebnisse auf dem Gebiet der Quartär-Palökologie. Es enthält eine Auswahl der zu den wissenschaftlichen Sitzungen Palökologie und Palynologie vorgelegten Arbeiten.

Nach einer Einführung der Herausgeber folgen, von insgesamt 27 Autoren verfaßt, 23 Aufsätze, deren Texte durch

Abbildungen, Diagramme, Histogramme und Tabellen wirkungsvoll unterstützt und erläutert werden. Im Buch sind die Arbeiten unter vier Hauptthemen zusammengestellt. Die ersten sechs Aufsätze bilden das „Symposium über die Beziehungen der Vegetationsgeschichte des Spätwiskonsin zur glazialen Folge im Gebiet der Großen Seen". Weitere fünf Arbeiten befassen sich mit methodischen Fragen. Acht Arbeiten sind regionalen Studien gewidmet, und die letzten vier Aufsätze behandeln Klimageschichte.

Eine Übereinstimmung zwischen radiokarbon-(Rk-)datierter Pollenstratigraphie mit den feinstratigraphischen Befunden im Spätquartär des Gebiets der Großen Seen ist z. Z. noch nicht erreicht. In Neuengland wird eine lange Tundraperiode von einer Tannen-Eichenwald-Landschaft abgelöst; in Minnesota folgt die Änderung der Spätwisconsin-Vegetation deutlich der allmählichen Temperaturzunahme. Makrofossilien bestätigen im NE Zwergsträucher- und Seggenbesiedlung um 10500, im S borealen Nadelwald um 12000. In Iowa wurde der Wechsel von Nadelwald über Mischwald zur heutigen Eichen-Gras-Landschaft erkannt. Sichere Hinweise auf ursächliche Zusammenhänge zwischen Eisrandverlagerung und Vegetationswechsel konnten im Gebiet der Großen Seen noch nicht gegeben werden.

Einige methodische Aspekte erwiesen sich als wichtig. Unterschiedliche Transportmedien führen aus geschlossenem Waldbestand zu selektiven Pollenbildern. Im Maine-See wurde die Veränderung der Pollenspektren der oberen Sedimente durch Bodenaufwirbelung (Benthos, Mensch) untersucht. Aus der Spurenelementverteilung in Schalen rezenter und subfossiler Muscheln wird auf Schwankungen in der Zuführung von CO_2 und Erdalkalikarbonaten in das Seewasser geschlossen.

Ähnliche Untersuchungen liegen aus anderen Gebieten vor. Ein E—W-Profil in NW-Minnesota umfaßt vier verschiedene Vegetationsgebiete. Aus dem Vergleich des an der Oberfläche gesammelten Pollens mit dem aus Seesedimenten gewonnenen Pollen konnte die postglaziale Vegetationsgeschichte rekonstruiert werden. In gleicher Weise wurde in der Sierra Nevada erkannt, daß der Übergang von der glazialen zur heutigen Flora um 10000 Rk-Jahre erfolgte. In Long Island und Neuengland wurden Beziehungen zwischen den Pollenzonen und dem Eisrückgang erforscht. Weiter werden die Änderungen der Pflanzenwelt in den tropischen Regenwäldern Guatemalas, die postglaziale Rk-Chronologie in Belgien, Pollenfolgen interglazialer und interstadialer Seeablagerungen aus Bohrungen im Alpenvorland und die Vegetationsentwicklung in der N-Türkei geschildert. Palökologische Studien an Insekten und Mollusken vervollständigen pollenanalytische Aussagen.

Das Buch vermittelt einen ausgezeichneten Überblick über den Stand methodischer und regionaler paläoökologischer Arbeiten und hebt dabei die einer Abstimmung der einzelnen Beobachtungen noch entgegenstehenden Schwierigkeiten hervor. Sehr viele Einzeldaten sind den zahlreichen guten Illustrationen zu entnehmen. Man kann Autoren und Herausgeber für die sachlichen Darstellungen und den Verlag für die auch drucktechnisch gute Ausstattung des Buchs beglückwünschen. Der Inhalt wendet sich gleichermaßen an Paläoökologen, Paläobiologen, Paläobotaniker und an Quartärgeologen.

K. Dette

Mehnert, K. R.

Migmatites and the origin of granitic rocks

Amsterdam: Elsevier Publishing Company 1968. 388 S., 136 Abb., 14 Tab., Dfl. 72,50

Der von Sederholm 1907 eingeführte und in seiner Bedeutung seitdem stark erweiterte und vielfach abgewandelte Begriff Migmatit bezeichnet eine weitverbreitete Gesteinsgruppe. Ihre variierenden Glieder sind sowohl am Aufbau der Kerne präkambrischer Schilde beteiligt als auch in den inneren Zonen junger Faltengebirge. Migmatite sind Zeugen der in den tieferen Teilen der Erdkruste verlaufenden petrogenetischen Prozesse. In dieser Weise können sie nach Barth (1936) als Übergangsglieder in der Entwicklungsreihe der Gesteine aufgefaßt werden.

Der Stoff ist in 11 Kap. aufgegliedert: Systeme und Nomenklatur; Megaskopische Migmatitstrukturen; Mikrogefüge der Migmatite; Experimentelle Ergebnisse; Formationstemperaturen (geol. Thermometer); Wanderung mobiler Komponenten in der Erdkruste; Geochemie granitischer Gesteine; Magmatische Bildung granitischer Gesteine; Anatektische Bildung granitischer Gesteine; Metasomatische Bildung granitischer Gesteine; Zusammenfassung und Schlußfolgerungen.

In methodisch sehr ansprechender Weise geht der Autor von Feldbeobachtungen aus, mit denen er 13 Migmatitstrukturtypen erläutert. Meisterhaft dargestellte mikroskopische Untersuchungsbefunde schließen sich an. Ergebnisse experimenteller Arbeiten und Betrachtungen über Feldspäte und andere Minerale als geologische Thermometer bilden dann mit die Grundlage für die nachfolgenden Betrachtungen.

Der Ablauf endogener Prozesse ist im wesentlichen temperaturbedingt. Fallende Temperaturen konsolidieren vorher mobile Komponenten und führen zur Differenzierung. Steigende Temperaturen verstärken die Mobilisation und führen schließlich theoretisch zur völligen Homogenisierung aller Ausgangskomponenten. Die in der Natur aber zumeist nur begrenzt vorhandenen mechanischen Bedingungen führen zu Mischgesteinen verschiedener Homogenisierungsgrade.

Pegmatitmigmatite (Metatekte) entstehen unter höheren pt-Bedingungen aus Gesteinen der Amphibolit- bis Pyroxen-Hornfels-Fazies. Die Mineralzusammensetzung hochgradig metamorpher Gesteine hängt vom Wassergehalt ab. Pegmatitmobilisate sind — im Gegensatz zu den magmatischen Pegmatiten — arm an Erzmineralien, die häufig in den umgebenden „Restiten" angereichert sind.

Als letzte Stufe der Mobilisation bei steigenden pt-Bedingungen entstehen die plutonischen Mobilisate. Sie führen zu palingenen Magmatiten, die als petrographische Konvergenzreihen kaum von den juvenilen Magmatiten abgegrenzt werden können.

Migmatite sind nach ihrer Form (Dom, Diapir, Schüssel oder Pilz) als Stufen fortschreitend großer mechanischer Mobilität zu deuten. Die Bildung der Migmatitfront dürfte aus isostatischen und stratigraphischen Gründen in 15 bis 25 km Tiefe liegen, unter Annahme einer Tiefenstufe von 30 bis 40 °C/km; orogenetische Prozesse schaffen PT-Bedingungen von 50 bis 150 °C/km, die ein Aufschmelzen in schmalen Zonen auch in Tiefen von 4 bis 10 km ermöglichen.

Migmatite werden mit Vorgängen in Verbindung gebracht, die in den Wurzelzonen der Kontinente abliefen, dadurch liefern sie heute Kriterien zur Deutung der Entstehung magmatischer Gesteine. Der Autor hat sich selbst von 1948 ab in elf (zitierten) Arbeiten mit speziellen Fragen der Migmatitbildung beschäftigt. Seine regionale Kenntnis nord- und mitteleuropäischer Migmatitvorkommen ermöglichte ihm, gestützt auf eine weite Literaturübersicht (813 Titel), im vorliegenden Buch die erste zusammenfassende Übersicht über das Migmatitproblem zu geben. Klare Gliederung, strenge Sachlichkeit und sehr gute Makro- und Mikroaufnahmen zeichnen das Buch aus. Die elegante Darstellung des Textes erleichtert das Studium der Fülle spezieller Einzelfakten. Dem Verlag gebührt für die vorzügliche drucktechnische Ausstattung besondere Anerkennung.

K. Dette

Radczewski, O. E.

Die Rohstoffe der Keramik

Berlin—Heidelberg—New York: Springer-Verlag 1968. 143 S., 80 Abb., 34 Tab.

Neue zusammenfassende Darstellungen auf dem Steine-und-Erden-Sektor sind allgemein zu begrüßen, da ältere grundlegende Werke vergriffen sind und meist modernen Ansprüchen nicht mehr gerecht werden. Das trifft auch für das Gebiet der keramischen Rohstoffe zu. Die vom Autor übernommene Aufgabe ist schwierig, da sie gleichermaßen gute Kenntnisse und Erfahrungen auf mehreren Sachgebieten erfordert.

Das kleine Buch enthält in 6 Abschnitten eine neue Darstellung der Rohstoffe der Keramik unter Betonung ihrer mineralogisch-petrographischen Grundlagen. Nach einer allgemeinen Beschreibung der Gesteine (Systematik und Alter) werden relativ ausführlich die Tonminerale, gegliedert in Zwei- und Dreischichtenminerale, und die Feldspäte als wichtigste Vertreter keramischer Rohstoffe behandelt. Auf die Bedeutung der Elektronenmikroskopie für die Untersuchung von feinkörnigen Mineralen wird in einem weiteren Kapitel näher eingegangen. Die Ausführungen werden durch zahlreiche Aufnahmen eindrucksvoll illustriert. Eine tabellarische Zusammenstellung des recht umfangreichen Produktionssortiments und eine Kurzcharakteristik dieser keramischen Erzeugnisse nach Rohstoffzusammensetzung, Zustand des Scherbens, Brenntemperatur u. a. schließt sich an.

Der regionale Teil des Buches enthält nach stratigraphischer Einteilung im wesentlichen die Beschreibung von Ton- und Kaolinlagerstätten Westdeutschlands und berührt nur teilweise Lagerstätten angrenzender Staaten. Eine klare räumliche Abgrenzung wäre hier von Vorteil gewesen. So sind u. a. auch die Lagerstättenverhältnisse in der DDR nur ungenügend dargestellt.

Allgemein ist zu sagen, daß eine stärkere Behandlung von grundsätzlichen Fragen zur Genese von Tonen und Kaolinen und darüber hinaus von speziellen Problemen der Qualitätsverteilung (z. B. eisenarmen Kaolinen) vermißt wird. Die Darstellung der Untersuchungsverfahren zwecks eindeutiger Charakterisierung der keramischen Rohstoffe fehlt und soll später in einem 2. Band erfolgen, worauf der Autor im Vorwort hinweist. Das Buch insgesamt ist lesenswert, bietet für die wichtigsten keramischen Rohstoffe einen guten Überblick und wird insbesondere den Praktiker und auch den Erkundungsgeologen ansprechen. H. ZIERMANN

Informationen

Erdgas- und Erdölvorräte in Italien

Nach letzten Schätzungen betragen die bestätigten Erdgasvorräte in Italien etwa 132 Mrd. m³. 107 Mrd. m³ davon sind im Besitz des ENI-Konzerns, der Rest liegt in den Händen privater Firmen.

Die 107 Mrd. m³ verteilen sich wie folgt: 56 Mrd. m³ in der Poebene, 30 Mrd. m³ in Mittelitalien und 21 Mrd. m³ in Sizilien. Unter den restlichen haben folgende Erdgasfelder besondere Bedeutung: Candele (Foggia), Portaconnone (Campobasso), Celini (Teramo), Monte Stillo (Foggia), Asvoli Satriano, Roseto (Benevento-Foggia) und einige kleinere in den Apenninen (Emilia und Toscana).

Die Bewertung der Erdölvorräte trifft auf größere Schwierigkeiten. Das Statistische Institut schätzt sie auf 130 Mill. t.

Algerien produziert Quecksilber

Die Such- und Erkundungsarbeiten, die kürzlich von algerischen und sowjetischen Spezialisten im Rayon Azzaba (Departement Annaba-Bone) ausgeführt wurden, haben befriedigende Ergebnisse erbracht. In diesem Gebiet konnten bedeutende Quecksilberlagerstätten nachgewiesen werden. Man nimmt an, daß die Inbetriebnahme der Quecksilberlagerstätten in Ras El Ma und M'Rasma bereits in kurzer Zeit erfolgen wird. Ihr Abbau wird Algerien ermöglichen, einen der ersten Plätze in der Welt hinsichtlich der Größe der Quecksilberproduktion einzunehmen und es mit Mexiko und Spanien gleichzustellen. Es muß hervorgehoben werden, daß diese beiden Bergwerke vor ihrer Schließung mit der Begründung von angeblich ungenügenden Vorräten im Jahre 1949 11 Jahre von einer französischen Gesellschaft ausgebeutet wurden. Indessen wurde durch Tiefbohrungen festgestellt, daß die Erzlagerstätten noch mindestens 0,7% Quecksilber enthalten; es ist möglich, daß dieser Prozentsatz noch bedeutend höher liegt und sogar 1,5% erreichen kann.

Internationale Tonkonferenz 1969 in Japan

Im Juni 1966 wurde das 1948 gegründete und bis dahin bestehende „Comité International Pour l'Etude des Argiles" (CIPEA) in die selbständige „Association Internationale Pour l'Etude des Argiles" (AIPEA) umgewandelt. Als Präsident zeichnet z. Z. Prof. Dr. GRAFF-PETERSEN, Dänemark; Generalsekretär ist Prof. Dr. SCHWERTMANN, Westberlin.

Alle drei Jahre wird eine Internationale Tonkonferenz abgehalten. Die nächste findet im September 1969 in Tokio, Japan, statt. Das Programm umfaßt Vortrag und Diskussion wissenschaftlicher Abhandlungen über Zusammensetzung und Entstehung der Tonminerale, Ton-Wasser-Systeme, tonorganische Verbindungen, Ionenaustausch an Tonen und industrielle Verwendung von Tonen. Das Interesse an diesen Themen erstreckt sich auf folgende Gebiete: keramische, chemische und Erdölindustrie, Kristallographie, Mineralogie, Geologie einschließlich Erzlagerstätten und Bodenkunde. Auf Exkursionen sollen Tonlagerstätten, Gesellschaften und Institute, die auf dem Gebiet der Tonproduktion und Tonforschung in Verbindung mit der keramischen und Erdölindustrie tätig sind, Firmen, die wissenschaftliche Geräte für die Tonforschung herstellen, und Lagerstätten quartärer vulkanischer Aschen und rezenter mariner Tone in Beziehung zur Bodenmechanik schwieriger Baugrundverhältnisse besichtigt werden.

Ortung von Karsthohlräumen

Der Amerikaner JOHN C. COOK veröffentlichte in mehreren Arbeiten die Forschungsergebnisse der Brine Cavity Research Group. Zur Ortung von Hohlräumen in geschichteten Evaporiten wurden oberflächenseismische Methoden angewendet. Mit Hilfe der „seismischen Schatten"-Technik gelang, Lösungshohlräume in einer Tiefe von ca. 500 m mit einer Genauigkeit in der seitlichen Begrenzung von $\pm$ 5 m aufzuzeichnen.

Auf Grund des unterschiedlichen „seismischen Widerstandes" kommt es an Grenzflächen von Luft oder Sole zu dem umgebenden Festgestein zu starker Reflexion der seismischen Wellen, insbesondere der (horizontalpolarisierten) Transversalwellen. Andererseits werden Reflexionen von tieferliegenden Horizonten bei der Durchquerung von Karsthohlräumen stark gedämpft und abgeschwächt, so daß über solchen Räumen die sogenannten „seismischen Schatten" entstehen. Auf dem Seismogramm machen sich derartige Anomalien einmal in der extrem großen und zum anderen in der gleichbleibend niedrigen Amplitudenhöhe bemerkbar.

Von der obengenannten Forschungsgruppe wurden größere Feldexperimente in N-Texas und im Gebiet der Großen Seen durchgeführt. Die gewonnenen Ergebnisse waren teilweise von geringer Qualität. Dieser Qualitätsmangel wurde auf folgende Ursachen zurückgeführt:

1. übermäßige Absorption der seismischen Energie durch mächtige Lockergesteine (Sande), 2. unregelmäßiges, gestörtes Einfallen von oberflächennahen Schichten, 3. ein hohes Interferenzniveau führte zu verschiedenen Frequenzfilterungen.

In einem Gebiet mit ausgesucht günstigen geologischen Verhältnissen erhielt man drei markante Reflexionshorizonte, die man mit A, B und C bezeichnete. Reflexion B wurde identifiziert als näherungsweise vom Evaporithorizont stammend, die Reflexionen A und C von Horizonten in gewissen Abständen über bzw. unter der interessierenden Schicht. Um zahlreiche unkontrollierbare Faktoren auszuschließen (z. B. verschiedene Schußintensität, unterschiedliche Verbindung zwischen Geophonen und dem Boden), die die Amplituden der reflektierten Wellen beeinflussen, wurden die Reflexion A als „Standard" benutzt und die Verhältnisse von A:B bzw. A:C von zwei Schußpunkten tabelliert. Es zeigte sich, daß das Verhältnis A:B für die beiden getrennten Aufzeichnungen gleichbleibend war. Im Verhältnis von A:C konnte der „seismische Schatteneffekt" festgestellt werden (durch die Hohlräume kam es zur Dämpfung der Reflexion C und damit zu höherem A:C). Die sehr markanten Anomalien ließen eine Festlegung der Ränder des Lösungshohlraumes mit einer Genauigkeit von $\pm$ 5 m zu.

Dieses ausgezeichnete Ergebnis verdient, daß solche Methoden auch in der DDR zur Ortung von Karsthohlräumen erprobt werden, da dieses Problem in den einbruchsgefährdeten Auslaugungsgebieten zunehmende Bedeutung gewinnt. H. DÖRFER

In den nächsten Heften

der

Zeitschrift für angewandte Geologie

erscheinen u. a. folgende Beiträge

E. P. Müller: Zur Geochemie der Tiefenwässer und der organischen Substanz im Nordteil der DDR

W. I. Smirnow u. a.: Die Genesis endogener Erzlagerstätten, referiert von F. Stammberger

H. Thiergärtner & I. Koch: Varianzanalyse und Duncan-Test zur Gliederung von gruppierten Daten (dargestellt am Beispiel geochemischer Daten von Sedimentgesteinen)

B. Soukup: Korrelations- und Regressionsanalyse bei der Lagerstättenerkundung

H. Bachmann & W. Henker: Über die spieltheoretische Fassung der geologischen Suche und Erkundung

M. Dumitriu & Ch. Dumitriu: Das statistische Modell der Schwarzschieferton-Senke — Ostkarpaten

N. Hillar & E. Kittl: Die Molybdänlagerstätten des Cerno Asperezas, Sierra de Córdoba, Argentinien

J. A. Melnikow: Über die Rolle anomaler Schichtdrücke in der Entstehung von Erdgas-Erdöl-Lagern

N. J. Uspenskaja: Die periodische vertikale Verteilung von Erdöl- und Erdgaslagerstätten in Tafelgebieten und ihr Zusammenhang mit der rhythmischen Sedimentation

H. Böttcher & G. Tischendorf: Zur Anwendung der Diskriminanzanalyse in der Geochemie

H. Lützner & R. Maaz: Ein Rechenprogramm zur Auswertung von Richtungsmessungen mit geringer Streuung

R. Meinhold: Forschungen und Fortschritte in der Geochemie der Kohlenwasserstoffe

U. Patzer & St. Grässl: Reflexionsseismische Messungen mit Transversalwellen zur Erkundung der Lagerungsverhältnisse im Vorfeld eines Braunkohlentagebaus

L. Richter: Abstandsermittlung netzförmig angeordneter Brunnengruppen und Einzelbrunnen bei Tagebauentwässerungen

H. Wedekind: Einsatz elektronischer Zeichengeräte für die Konstruktion von Isolinienkarten in der Geologie

Herausgeber: Zentrales Geologisches Institut im Auftrag des Staatssekretariats für Geologie beim Ministerrat der Deutschen Demokratischen Republik. Für die kollektive Chefredaktion: Dr. K. Kauter (Redaktionssekretär), Berlin. Redaktion: 1054 Berlin, Zionskirchstraße 34 (Fernsprecher 426001). Verlag: Akademie-Verlag GmbH, 108 Berlin, Leipziger Straße 3–4 (Fernsprecher 220441, Telex 0112020, Postscheckkonto: Berlin 35021). Bestellnummer des Heftes 1047/15/2. Alleinige Anzeigenannahme DEWAG-WERBUNG, 102 Berlin, Rosenthaler Str. 28–31, und alle DEWAG-Betriebe in den Bezirksstädten der DDR. Die „Zeitschrift für angewandte Geologie" erscheint monatlich, Exportpreis: M 6,–, Sonderpreis für die DDR: M 2,– je Heft. – Satz und Druck: VEB Druckhaus „Maxim Gorki", 74 Altenburg. Veröffentlicht unter der Lizenznummer 1279 des Presseamtes beim Vorsitzenden des Ministerrates der Deutschen Demokratischen Republik, Kartengenehmigung Nr. 1119/68.

ABHANDLUNGEN

des Zentralen Geologischen Instituts

Bisher erschienen

D. Franke

Stratigraphisches Korrelationsschema für das Silur der Deutschen Demokratischen Republik und angrenzender Gebiete

1964 — 36 Seiten — Anlageband mit 6 Tabellen — Halbleinen M 10,—

Heft 1

10 Jahre Paläontologie. Bericht über das Jubiläums-Kolloquium des Bereiches Paläontologie im Zentralen Geologischen Institut

1965 — 313 Seiten — 24 Tafeln — 12 Abbildungen — 8 Tabellen — Halbleinen M 15,—

Heft 2

H. Kado, F. Reuter, G. Bachmann

Die ingenieurgeologischen Eigenschaften der wichtigsten Lockergesteine der DDR unter Berücksichtigung ihrer Genese und physikalischen Kennzahlen

1966 — 134 Seiten — 107 Abbildungen — 15 Tabellen — Anlageband — Halbleinen M 15,—

Heft 3

Kolloquium aus Anlaß des 15jährigen Bestehens der Arbeitsgruppen Ingenieurgeologie am 20. und 21. Mai 1965 in Berlin

1965 — 97 Seiten — 2 Karten — 22 Abbildungen — 6 Tabellen — Halbleinen M 15,—

Heft 4

D. Rau

Untersuchungen zur Morphologie und Genese der Lößböden im Thüringer Becken

1965 — 71 Seiten — 12 Abbildungen — 14 Tabellen — Halbleinen M 10,—

Heft 5

I. Diener

Stratigraphisches Korrelationsschema für die Kreide der Deutschen Demokratischen Republik und angrenzender Gebiete

1966 — 137 Seiten — 6 Abbildungen — 3 Text-Tabellen — 12 Anlagen-Tabellen — Halbleinen M 15,—

Heft 6

H. Pfeiffer

Stratigraphisches Korrelationsschema für das Devon der Deutschen Demokratischen Republik und angrenzender Gebiete

1967 — X und 74 Seiten — 1 Abbildung — 4 Text-Tabellen — 5 Anlagen-Tabellen — 1 mehrfarbiges Profil — Halbleinen M 15,—

Heft 7

E. v. Hoyningen-Huene

Stratigraphische Korrelationsschemata für das Siles und das Perm der Deutschen Demokratischen Republik

1968 — XII und 133 Seiten — 7 Abbildungen — 9 Tabellen — 11 Anlagen — Halbleinen M 25,—

Heft 8

H. Döring, W. Krutzsch, D. H. Mai, E. Schulz

Erläuterungen zu den sporenstratigraphischen Tabellen vom Zechstein bis zum Oligozän

1966 — 149 Seiten — 8 Anlagen-Tabellen — Halbleinen M 15,—

Heft 9

Instruktion für die Anfertigung einheitlicher ingenieurgeologischer Grundkarten

1967 — VIII und 35 Seiten — Farb- und Zeichenerklärung — 9 Anlagen — Halbleinen M 15,—

Heft 10

Klimaänderungen im Tertiär aus paläobotanischer Sicht

1967 — LII und 228 Seiten — 28 Abbildungen — 11 Bildtafeln — Halbleinen M 30,—

Heft 14

Autorenkollektiv

Engineering-Geological Mapping in the Countries of the Council of Mutual Economic Aid

1968 — X und 148 Seiten — 28 Abbildungen — 6 Tabellen — 10 Anlagen — Halbleinen M 30,—

In Vorbereitung befinden sich

Heft 11

H. Kästner

Zur Geologie der Kalisalz- und Kohlensäurelagerstätten im südlichen Werra-Kaligebiet

Heft 12

D. Lotsch

Stratigraphisches Korrelationsschema für das Tertiär der Deutschen Demokratischen Republik

Heft 13

P. Puff

Über den Unteren Buntsandstein am Südrand des Thüringer Beckens

Heft 15

H. Pfeiffer

Stratigraphisches Korrelationsschema für das Dinant der Deutschen Demokratischen Republik

Bestellungen nimmt die Vertriebsstelle des Zentralen Geologischen Instituts, 104 Berlin, Invalidenstraße 44, entgegen.